红壤水分溶质运移及滴灌关键技术参数研究

裴青宝 著

黄河水利出版社
·郑州·

内 容 提 要

本书系统地阐述了红壤水分溶质运移规律及建模过程中所需相关参数的测定和确定。在此基础上,通过室内与田间试验分析确定了适用于脐橙的滴灌技术参数,并对红壤地区脐橙滴灌实施效果进行了后评价。全书共分7章,第1章主要论述了土壤水分溶质运移研究进展、滴灌水肥运移分布、模拟及评价;第2章描述了试验设计与相关参数的测定方法;第3章研究了红壤水分溶质运移规律,并构建数学模型测定相关参数,对模型模拟的精度进行了分析;第4章分析了室内多因素影响下滴灌水分溶质运移分布特性,并结合 HYDRUS 模型进行数值模拟;第5章通过田间试验结合室内试验得出最适宜该区域脐橙滴灌的技术参数;第6章采用模糊综合评价法对脐橙滴管实施效果进行了评价;第7章对本研究进行了总结和展望。

本书可供从事农业水利、生态、水土保持等方向的专业技术研究人员和大专院校相关专业师生参考,对从事农业生产,农业工程设计、施工的管理人员、工程技术人员具有一定的参考价值。

图书在版编目(CIP)数据

红壤水分溶质运移及滴灌关键技术参数研究/裴青宝
著. —郑州:黄河水利出版社,2020.1
ISBN 978 - 7 - 5509 - 2575 - 5

Ⅰ.①红… Ⅱ.①裴… Ⅲ.①红壤 - 土壤水 - 物质运输 - 研究②红壤 - 滴灌 - 技术 - 参数分析 Ⅳ.①S155.2

中国版本图书馆 CIP 数据核字(2020)第 020307 号

组稿编辑:陈俊克 电话:0371 - 66026749 E-mail:hhslcjk@126.com

出 版 社:黄河水利出版社 网址:www.yrcp.com
地址:河南省郑州市顺河路黄委会综合楼 14 层 邮政编码:450003
发行单位:黄河水利出版社
发行部电话:0371 - 66026940、66020550、66028024、66022620(传真)
E-mail:hhslcbs@126.com
承印单位:河南新华印刷集团有限公司
开本:787 mm×1 092 mm 1/16
印张:8.5
字数:200 千字
版次:2020 年 1 月第 1 版 印次:2020 年 1 月第 1 次印刷
定价:46.00 元

前 言

我国南方每年 6~9 月处于季节性干旱期,普遍存在干旱少雨状况,而这个时期正是脐橙、蜜桔大量需水的关键期,由于水资源供给困难,引起减产而导致农民收入减少。解决这一问题的关键途径之一是通过高效节水灌溉技术提高有限水资源的有效利用率。

江西省赣南红壤丘陵地区脐橙种植范围广、面积大,脐橙种植已经成为当地农业支柱型产业,形成了规模化、品牌化。丘陵地区脐橙灌溉施肥已成为制约脐橙产量和品质的一个重要因素,近些年来赣南地区脐橙种植户已经逐渐开始使用滴灌来为脐橙灌溉施肥。但是没有相应技术支撑,种植户在脐橙滴灌灌溉施肥中比较盲目。针对该区域水肥运移分布规律与脐橙滴灌关键技术参数的研究,可以对南方红壤丘陵地区脐橙滴灌系统设计和灌溉水肥管理提供指导。并且响应"中央苏区振兴发展计划,积极发展特色农林业,做强脐橙、蜜桔、甜柚等柑橘产业"号召,为苏区建设提供支持。

本书在编写过程中,得到了西安理工大学张建丰教授的悉心指导;在室内外试验过程中得到了西安理工大学王全九教授、李涛副教授、张芳博士,南昌工程学院任长江博士的无私帮助;南昌工程学院的廖振棋、王海伟、张佳铭、黄东旭、陈俊宇等同学参与了试验数据的采集。在此,谨向以上各位老师、朋友和同学们致以衷心的感谢!

本书的完成与出版得到了江西省科技厅重点研发计划(20151BBF60012、20077BBF60060)资助。

本书在编写过程中参考和引用了一些相关文献和书籍的论述,衷心感谢所引用文献的作者们!

由于编写时间和水平有限,错误和疏漏之处在所难免,恳请读者批评指正。

作 者

2019 年 8 月

目　录

第 1 章　绪　论

1.1　研究的背景及意义

　　水是生命之源、生产之要、生态之基;水资源缺乏以及水资源供应量的季节性不均衡已成为制约世界许多国家和地区农业可持续发展的关键问题。我国南方丘陵山区在每年 6～8 月普遍干旱少雨,正处于季节性干旱期,而这个时期正是脐橙大量需水的关键期,水资源供给困难;解决这一问题的关键途径之一是提高有限水资源的有效利用率。滴灌可以根据作物的需水特性进行灌溉,最大限度地降低土壤水分蒸发,可显著提高水分的利用率,是一种先进的节水灌溉技术。滴灌是用灌水器把水输送到作物根区的一种节水灌溉技术,该技术的应用可以为提高我国南方丘陵地区水资源利用效率,为当地脐橙等经济作物灌溉水资源不平衡问题的解决提供一条新的途径。

　　滴灌属于局部灌溉,滴灌后土壤湿润体的形状、大小对作物的生长发育和水分养分的利用效率有较大的影响。而其湿润体的形状和大小受到滴头流量和壤质地等多因素的影响。通过滴灌灌溉施肥,可以有效地提高水肥利用效率,减少浪费损失,并结合所种植作物和土壤质地选择合理的滴灌技术参数;对水肥利用和作物品质产量均有较大地提升。

　　江西省赣南红壤丘陵地区脐橙种植范围广、面积大,脐橙种植已经成为当地农业支柱型产业,形成规模化、品牌化。丘陵地区脐橙灌溉施肥已成为制约脐橙产量和品质的一个重要因素,近些年来赣南地区脐橙种植户已经逐渐开始使用滴灌来为脐橙灌溉施肥。但是针对红壤丘陵地区脐橙的滴灌技术及施肥方式研究尚未见报道,没有相应技术支撑,种植户在脐橙滴灌施肥中比较盲目。生产中对于滴灌灌水量、滴头流量、间距等技术参数的选择仅仅是参考北方地区的经验或者技术规范,没有一套完整的关于红壤地区脐橙滴灌的技术规范,造成在脐橙灌溉中由于过度灌溉施肥造成水肥资源浪费和引起严重的农业面源污染,以及灌溉水量不足致使作物减产等现象。因此,本项目的研究可以对南方红壤丘陵地区脐橙滴灌系统设计和灌溉水肥管理提供指导。并且响应“中央苏区振兴发展计划,积极发展特色农林业,做强脐橙、蜜桔、甜柚等柑橘产业”号召,为苏区建设提供支持。

1.2　国内外研究进展

1.2.1　土壤水分溶质运移研究进展

1.2.1.1　土壤水分溶质运移影响研究

　　土壤中的水分是农作物赖以生存的基础,降雨和灌溉水只有转化为土壤水才能被作物吸收。土壤中非饱和状态的水分多被作物吸收利用,而非饱和状态的水分运动是多孔介质流体运动的一种重要形式,也是目前国内外研究的热点。

随着灌水技术的发展,水肥一体化灌溉模式越来越多地被应用到作物灌溉中,灌溉中水分溶质在土壤中运移成为研究的重点。对红壤水分溶质运移的研究,有助于分析红壤地区灌溉过程中水肥运移及分布规律;从而提高水肥利用效率,减少深层渗漏等引起的水肥资源流失等问题。

灌溉中水分养分的运移,是在土壤中运动和储存的过程。其运移过程受到多种因素的制约和影响。对于非吸附性离子的溶质随水分在土壤中的入渗受到土壤容重、有机质含量、土壤颗粒组成、初始含水率等的影响;土壤的入渗能力随着容重的增加而下降,质地不同时砂壤的入渗能力和溶质迁移速度大于其他质地的土壤。土壤的孔隙构造,溶质浓度以及耕地是否被翻松过等因素对土壤中水分溶质的迁移有很大的影响,土壤中孔隙越多,水分溶质的推进速度越快;同样条件下溶质浓度越大,湿润锋的推移速度、累积入渗量、入渗率以及土壤导水能力均随溶质浓度的增加而变大。

1.2.1.2　土壤水分特征曲线研究

土壤水分特征曲线(PF 曲线)用来表征土壤中水的能量和数量之间的关系,是研究土壤水分在非饱和带运移的重要资料,影响到土壤水分溶质迁移模拟的精度。目前可以通过试验和软件模拟得出 PF 曲线,试验方法主要有张力计法、压力膜仪法、离心机法、露点水势仪法和沙箱法。张力计法是一种常规方法,但是数据测定的准确性较低。压力膜仪法和离心机法以其简单、可操作性强和可测定吸力范围广等特点被广泛应用。压力膜仪法只能完成脱湿过程,在试验中容重受到压力变化的影响较小,可以模拟出实际的农田排水过程;但是存在耗时较长,调节压力变化费时等问题。离心机法在试验中会出现随着转速的增加,含水率降低的同时容重增加的现象,致使土壤体积收缩变形,影响到测定的准确性。露点水势仪主要用在野外测定原状土壤或植物叶片的势能。沙箱法适合于低吸力段土壤含水率测定,当吸力达到 100 cm 以上时测量误差较大。有学者采用 HYDRUS、RETC 和 MATLAB 等软件,通过输入土壤颗粒级配以及相关参数模拟出不同质地容重的PF 曲线。目前采用数学模型对实测数据进行拟合得到 PF 曲线,并进一步获取模型水力参数,数学模型常用修正的 van Genuchten (VG) 模型和 Brooks - Corey 模型来模拟土壤水分特征曲线。

宋孝玉等通过压力膜仪测定得出了甘肃省南小河沟流域不同地貌类型、不同质地土壤的 PF 曲线,在此基础上以 Gardner 模型作为基本模型,建立了南小河沟流域土壤水分特征曲线的单一参数模型,所建模型参数少且准确性较高。姚姣转等以科尔沁沙地典型沙丘 - 草甸相间地区土壤进行研究,分析测定了 49 个不同地貌类型土壤的 PF 曲线,并建立了土壤容重、颗粒级配、有机质、pH、电导率等常规参数与 PF 曲线之间的传递函数,并对该函数的准确性进行了分析。谭霄等采用离心机法测定了粉质壤土含有不同浓度盐分状态下的土壤 PF 曲线,分析认为盐分浓度对土壤 PF 曲线的影响较小。

Fu 等为了解决在 PF 曲线测定过程中出现的土壤因为饱和出现膨胀后期脱水收缩的问题,提出了一种测定土壤水力性质的新方法。Oh 等研究认为土壤水分或吸力变化引起的有效应力部分可由吸力特性曲线(SSCC)与土壤 PF 曲线唯一相关,并对韩国几种残积土的抗剪强度和保水试验确定的 SSCC 的唯一性进行了检验。Satyanaga 等研究认为大多数方程仅适用于具有单峰特性的土壤,其参数与土壤的物理性质无关,在这个基础上提出了一个预测双峰特性土壤 PF 曲线的方程。郑健等研究了植物土壤混合条件下的土壤持水能力的变化,通过测定不同土壤容重、不同混掺物及混掺比例条件下的土壤 PF 曲线,并采用 RETC 软件分析确定不同处理的模型适宜性。邢旭光等以云南黏壤土等 4 种不同的壤土为例研究了不同土壤 PF 曲线拟合模型的适宜性;并分析了离心机法测定这几类土的 PF 曲线过程中土壤的收缩度及收缩特性。邓羽松等研究测定了鄂东南地区崩岗不同剖面土层的 PF 曲线并进行了拟合,结果表明,崩岗土壤排水量与吸力呈规律性变化,低吸力段斑纹层和砂土层的脱湿现象明显,高吸力段时各土层的 PF 曲线趋于平缓;VG 模型拟合出的 PF 曲线具有较高的准确性。

王红兰等采用 4 种测定土壤 PF 曲线的方法,研究了全吸力段盐亭紫色土耕地不同耕作层的土壤 PF 曲线,结果表明在在吸力为 100 cm 以下的低吸力段沙箱法的适应性较好;对于高吸力段表层土壤建议采用 Hyprop 仪法测定,亚表层土壤则采用压力膜仪法。B Ghanbarian 等研究了土壤内部直径和高度(或长度)对土壤 PF 曲线和饱和导水率的影响。马美红等以昆明红壤为例采用离心机法测定 PF 曲线,利用 VG 模型拟合方程,通过指数经验公式拟合土壤水分与扩散率、导水率的关系,在参数确定过程中,充分考虑了颗粒组成、容重等影响因素,得到了最适宜的土壤水分运动参数。

1.2.1.3 土壤水分溶质运移模拟研究

随着农业灌溉水肥一体化的发展以及人民对所生活环境的水、土壤等污染问题的关注度提高,灌溉后土壤水分溶质迁移研究成为一个热点问题。国内外学者就土壤溶质迁移规律开展了多方面的研究,并建立了数学模型。土壤水分运动数值模拟的方法主要包括有限单元法和有限差分法,通过大量溶质运移方面的研究形成了水动力弥散溶质运移基本理论,而水动力弥散是由于土壤孔隙中水的微观流速的变化引起的。Amer 等早在20 世纪 50 年代就采用动力学模型模拟土壤中磷元素的迁移过程,通过树脂从溶液中定量吸附少量磷得到溶质迁移曲线。Bruce 等构建了流域内不同降水事件中径流水的速率和数量,以及沉积物和农药运输的速率和数量的数学模型。Ahuja 等以 Br 为示踪剂,对土壤中水分与雨水在土壤化学物质释放、渗透和径流释放过程中存在一定有效深度的假设进行了试验与模拟。Barrow 等在改进的 CREAMS 模型基础上,采用幂函数为框架对模型进行了修正。Mishra 等利用组合模拟优化方法,研究了瞬态不饱和流动和示踪实验中土壤水分溶质运输参数的估计;并用一种改进的 van Genuchten 参数模型对两相渗透压 - 饱和压力关系进行了定义,通过经验参数离散模型定义了运移性质。

王超等通过研究非饱和土壤水分溶质运移规律,分析了水动力函数模型参数的最优估算方法,运用 Gauss - Newton 最小化计算的 Levenberg - Marquardt 修正法来实现反求模型的迭代问题,并就参数确定与预测数量对参数预测效果的影响进行了分析讨论。陆乐等将蒙特卡罗(Monte Carlo)法应用到两种具有不同渗透系数的多尺度非均质含水层溶质运移模拟中,分别对两种多孔介质在产生不同渗透系数场后,对其水分溶质运移进行了数值模拟。王伟等利用商业化软件 HYDRUS - 2D 建立了田间咸水灌溉水盐运移数学模型,并进行了求解。田坤等设计了控制排水、土壤水分饱和以及土壤渗透稳定等 3 种下垫面状态下,研究不同降雨强度时土壤溶质迁移到地表径流中的规律;研究结果表明雨强、总径流量等因素均能加快土壤溶质迁移过程。张嘉等结合地下水溶质迁移模拟软件MT3DMS 的基本原理,对比了不同解法对所获得的地下水纵向弥散度模拟结果的影响,并分析了模型网格划分与污染物浓度变化对模拟结果的影响。

1.2.2　滴灌技术发展现状

1.2.2.1　滴灌水肥一体化灌溉研究进展

对于滴灌技术参数,水肥运移,以及数值模拟等方面国内外学者做了大量的研究。以色列发明了滴灌并进行推广,以色列全国形成统一的压力管网,充分发挥滴灌对地形适应性强的特点,通过滴灌灌溉种植在丘陵地区的花卉、水果等经济作物。而地中海地区国家如西班牙、意大利等国在 20 世纪 70 年代将滴灌技术应用到葡萄、柑橘、油橄榄等经济作物的灌溉中,以解决该地区水资源短缺问题,在长期的滴灌灌溉中不仅节约水资源量而且提高了作物产量和品质。美国加州滴灌应用的范围最大,通过滴灌进行除草、频繁施药、精准施肥等工作。滴灌在我国前期主要应用在苹果、梨、葡萄、柑橘等果树灌溉中,后期慢慢发展到蔬菜花卉等设施农业中,并在节水、抑制病虫害、水肥一体化、减轻土壤退化、减少田间管理方面取得了进展。

Nakayama 等研究了滴灌灌溉后湿润体形状和大小及湿润体体内水分分布状态对作物根系吸水的影响。Lubana 等通过点源滴灌研究了土壤性质和土壤剖面水分的渗入,流出方式对湿润体分布形式的影响。Levin 对滴灌入渗后湿润体的形状和水分分布的室内外试验结果进行了数值模拟,结果表明模拟值和实测值具有很好的一致性。Rodríguezsinobas 等研究认为地表滴灌和地下滴灌湿润体水分分布受土壤水力性质、初始含水率、排放量、灌溉频率、蒸散量和根系特性的影响。Khemaies 等研究了突尼斯南部干旱地区滴灌条件下砂壤土的湿润体形式及水分分布状况。Yue 等通过对杨凌娄土进行不同滴头流量对土壤湿润体影响的试验,结果表明在滴头流量为 1.2 ~ 3.6 L/h 时湿润体体积与滴头流量变化很大,土壤平均含水率逐渐增加。

汪志荣等通过不同质地土壤点源入渗试验,得出在不同流量下,积水入渗边界和非充分供水入渗边界与滴头流量、入渗时间、含水率分布等因素之间的关系,表明在该试验条件下最适宜的湿润比应小于 1.0。

朱德兰等通过两种不同土壤的滴灌试验,根据不同流量下湿润锋的扩散范围来提出土壤水分水平和垂直扩散的数学模型。张振华等研究了黏壤土室内滴灌试验条件下不同影响因素湿润体的变化规律,并进行了室内多点源交汇条件下的交汇湿润体变化研究,结果表明容重和含水率对湿润体形状和大小有显著影响,交汇入渗过程中交界面处的入渗快于其他位置,且随着入渗时间的延长,湿润体的形状逐渐由椭球体向平行方向发展。

李晓斌等研究了 3 种不同质地土壤滴灌点源入渗水分运动分布规律,结果表明湿润锋的水平、垂直推移过程与滴灌时间存在幂函数关系,并具有较高的相关性;而土壤含水率与湿润锋运移之间存在线性函数关系。王成志等通过室内试验研究了层施保水剂对滴灌交汇入渗后湿润体的影响,滴灌入渗中施加了保水剂,区域土壤的含水率增加得较快,表明保水剂有助于增加作物根系附近土壤的水分含量。李明思等进行了重壤土、中壤土、砂壤土等 3 种不同质地的土壤在 5 个不同设计流量下滴灌入渗试验,研究表明滴头流量对湿润体的水平运移距离影响大于垂直距离,而地表积水区域的大小影响到湿润体的形状和大小。

学者们就滴灌条件下水氮运移及分布规律做了研究,研究表明在不同流量下湿润锋附近出现氮素的累积,施氮浓度影响到氮在土壤体内的分布,灌水量的增加对滴头附近的氮素含量影响不大,只是增加了湿润锋处的含量。不同的施肥时间对氮素的分布也产生影响,进行单点源入渗时,入渗时段内前一段时间施肥,氮素含量的最大值出现在距离滴头 30 cm 的范围内;后一段时间施肥,则氮素集中在滴头附近;而中间时段施肥,氮素主要集中在距离滴头 15 cm 的范围内。李久生等采用室内土箱试验分析了层状土壤对地下滴灌水分氮素分布的影响,结果表明上砂下壤层状土壤的砂壤界面对水分的横向扩散起到促进作用,减少了垂直入渗,在界面下方形成水分氮素的集聚区域,距离滴头越远,水分和氮素的含量越低。黄耀华等进行了室内条件下不同质地的紫色土滴灌施肥后氮素分布运移规律研究,结果表明土壤质地对水分和氮素的迁移影响较大,砂壤土迁移距离最远,黏壤土的迁移距离最近。

对于不同灌溉技术下的多点源交汇入渗,学者们进行了膜孔灌、涌泉灌、滴灌等灌水技术的多点源交汇入渗的研究,分析了间距、流量等对交汇后湿润体的形状、含水率、氮素分布等的影响。张林等研究了多点源滴灌交汇入渗条件下流量变化对湿润体土壤水分时空分布规律的影响,结果表明交汇形成的湿润体内的含水率分布不均匀,在滴头下方,形成两个含水率较高的集中区域,流量越大越明显,再分布以后这个现象减弱。大量的关于滴灌的研究,主要是和作物结合起来,研究不同影响因素下滴灌后对作物产量、生长生育状况等的影响,以及该作物下合理的滴灌技术参数的选择。Lei 等通过 3 个不同流量的多点源滴灌田间试验,确定了滴头流量为 1.2~2.0 L/h 时最适合于新疆棉花的灌溉。Xia 等研究认为经过两次水的磁化处理,对棉花的生长发育最好,并可以改善土壤盐碱化。Amabdalhi 等研究了温室条件下番茄的滴灌最佳灌水水平,通过 5 个不同水平的试验研究,分析认为 100% 的灌水水平下果实的品质最佳、水分利用效率最高。Li 等通过田间试验研究地下水、二级污水、混合水等滴灌对番茄品质产量的影响,研究认为污水灌溉能提高作物产量,影响水分分布。王全九等研究了盐碱地膜下滴灌的技术参数,认为小流量、间距为 15~20 cm、头水后施肥等方式最适合于盐碱地覆膜种植。栗岩峰等通过研究认为再生水条件下,短灌水周期和深埋滴灌带有助于提高番茄的品质产量。李久生等分析认为在山区丘陵地区应该采用自压滴灌技术模式,充分利用地形在项目区位置较高处修建蓄水池等,实现自压供水;根据支管布置划分为不同的压力区域,并选择不同类型的滴头,使滴头工作压力与地形形成的压力相匹配,有些地区可以采用压力补偿式灌水器。

1.2.2.2 滴灌水分溶质运移数值模拟

数值模拟是将复杂工程进行仿真的技术,对滴灌灌溉后水分溶质运移及分布的数值模拟将有助于了解不同因素下所形成的湿润体形状,含水率和溶质的分布,对该区域滴灌灌溉有指导意义。

对于点源滴灌土壤水分运移的数学模型,Brandt 等提出的点源模型具有代表性。Cote 等模拟了滴灌土壤水分溶质运移及在土壤剖面上的分布状况,用以指导滴灌的设计。Yao 等使用 SWMS - 2D 软件(模拟水运动)和伽尔金有限元模拟试验条件下的水分溶质运移过程,分析了水头压力、流量等对湿润体和含水率的影响。

Valiantzas 等为满足新疆棉花地膜滴灌生产管理的需要,开发了滴灌棉花灌溉决策支持系统。它包括数据库管理、实时土壤水分测定、灌溉控制、农业管理和决策等功能;在水量平衡法和衰减指数法预测土壤水分的基础上,采用泰森多边形法预测平均水分。Singh 等利用半经验法和量纲分析法建立了一个地下滴灌模拟模型,用于确定地下水源条件下湿润土壤带的几何形状。将湿润深度和湿润宽度的预测值与砂壤土的田间试验结果进行了比较,并对流量、侧向放置深度和施水持续时间对湿润宽度和湿润深度的影响的模拟值和实测值进行了对比。用模型效率表示模型的可预测性模拟湿润宽度和湿润深度时,模型效率分别为 96.4% 和 98.4%。

商业化软件 HYDRUS 被应用到对滴灌点源入渗水分和溶质迁移的模拟中,涵盖了二维和三维的模拟,而模拟值的准确性则与建模时的精度、网格划分、参数选取等相关。Xi-ao-Mei 等基于非饱和土壤水动力学原理建立了地下滴灌条件下土壤水分入渗的数学模型,利用 HYDRUS – 3D 软件求解数学模型,模型模拟与实测值相对误差小于 10%;模拟结果准确性较好。Phogat 等结合 HYDRUS – 2D 软件对果园滴灌系统灌溉后,土壤水分、盐分以及硝态氮浓度的运移分布进行模拟,并与每周观测的实测值相对比,结果表明模拟的精度较好,可以反映出实际情况。Zhang 等研究了在 15° 楔形有机玻璃容器内,不同点源滴灌方式下 HYDRUS – 2D/3D 软件对水和硝酸盐分布的模拟,结果表明模拟值与实测值误差较小,模型可靠度高。Chen 等研究了膜下滴灌条件下土壤水分和盐分在水平和垂直方向的运移过程,并通过 HYDRUS – 2D 软件进行了模拟,结果表明与滴灌带平行的方向土壤含水率高于垂直方向。Dabach 等通过高频率地下滴灌灌水,应用 HYDRUS – 2D 软件模拟非匀质土壤含水率的变化,来指导张力计的布置位置,分析认为地下滴灌过程中张力计靠近滴头有助于提高含水率的测量精度。Müller 等研究了 4 种滴灌灌水处理下,植物对水分胁迫的反应,通过 HYDRUS – 2D/3D 模拟灌溉周期、定额以及土壤质地等对作物耗水的影响。

毛萌等应用 HYDRUS – 2D 软件对使用除草剂滴灌灌溉后随水分在土壤中的运移过程进行了模拟,在室内测定得到模型参数的条件下,不同流量、初始含水率等因素影响下土壤水分和除草剂分布规律,模拟值与实测值吻合较好。陈若男等研究了新疆含砂石土壤葡萄滴灌设计的合理技术参数,通过 HYDRUS – 2D 软件确定了土壤水力参数,并结合田间试验对不同滴灌带间距和流量下的滴灌水分分布进行了模拟,结合模拟和实验结果得出了该地区葡萄滴灌适宜的技术参数。张林等建立了多点源滴灌交汇入渗条件下的水分运动数学模型,利用 HYDRUS 软件进行了求解,对比试验结果,模拟入渗交汇时间和深度与实测值的误差在 10% 以内。王建东等在田间试验的基础上,建立了滴灌水分、热运动模型,通过 HYDRUS – 2D 软件进行了求解,结果表明,模拟值效果较好,根据所建模型在已知资料条件下可以预测出滴灌水热耦合运移分布规律。姚鹏亮等应用 HYDRUS 模型在考虑根系吸水的情况下,模拟了干旱地区枣树根区土壤水分变化过程,模拟结果对灌溉制度的设定提供了依据。孙林等通过建立一个简化的滴灌模型,模拟了滴灌湿润体的形成及毛管扩散过程中的水盐运移,并通过试验对模型进行了修正。刘玉春等通过人工神经网络和 RETC 软件得到土壤水分溶质相关参数,应用 HYDRUS – 2D 软件对 4 种不同铺装的层状土壤的水氮运移进行了了模拟,并利用修正后的模型对不同影响因素下的土壤水氮运移分布进行了预测。关红杰等结合 HYDRUS－2D 软件就干旱地区棉花膜在滴灌条件下滴灌均匀系数对水氮运移规律进行了模拟,结果表明,土壤含水率与实测值相一致,NO₃⁻－N 含量模拟值受到土壤空间变异性的影响。黄凯等建立了赤红壤多点源水分运动数学模型,通过 HYDRUS－3D 软件模拟了多因素影响下的点源灌溉灌水均匀性,结果表明,在滴头间距为 30 cm 时才可满足该类土壤灌水均匀性的要求。李显微等结合地下滴灌田间试验,在试验得到土壤物理参数的条件下,采用 HYDRUS－3D 软件对滴灌土壤水盐运移进行了模拟,以此来指导新疆玛纳斯地区地下滴灌的埋设。裴青宝等建立了红壤水分溶质运移三维数学模型,并借助于 HYDRUS－3D 软件对不同因素下的多点源滴灌水分溶质运移分布进行了模拟,结果表明模拟值与实测值具有很高的一致性。

1.2.3 基于 AHP－FCE 在建设项目后评价中的研究进展

水利工程建设项目后评价,是在项目建成后对其目的、作用、实施过程、效益等做一个系统的分析和总结的过程,有助于在工程运行过程中对工程加以完善,并指导其他类似工程的实施。国外对建设工程进行后评价的起步较早;我国水利工程项目后评价起步稍晚,但是发展很快。自 20 世纪 80 年代开始,以丹江口枢纽项目后评价为试点,相继对国内大型水利枢纽、灌区等项目进行了后评价,并形成了一套完整的适合我国国情的评价体系。目前常用的后评价方法主要包括:Delphi 法,灰色关联分析法,层次分析法,模糊综合评价法,BP 人工神经网络,博弈论,以及主成分分析,聚类分析等。

对于灌区节水改造工程项目后评价,国内外学者做了相关的研究,在指标体系建立、指标选择以及权重确定等方面形成了适合于灌区后评价的模式。Zhen 等通过建立的熵权的模糊优选模型,对节水灌溉工程项目进行了综合评价,结果表明所建的模型适合于多目标、多阶段复杂系统的评价。Zhang 等将层次分析法应用到世界银行贷款的灌区建设工程后评价中,并与农民用水协会的政策相结合建立了评价体系。Zheng 等采用信息熵和模糊物元模型对内蒙古牧区的节水灌区工程进行了后评价,并从项目的实施过程、经济效益、生态效益和管理情况等方面建立了指标体系。Zhao 等采用层次分析法对高寒地区牧草滴灌工程的综合效益进行了后评价,评价结果认为滴灌工程效益显著。Fang 等采用模糊层次分析法对生态灌区节水改造项目进行了后评价。Ning 等在灰色关联分析和模糊物元分析的基础上,建立了有限元模型,对节水灌溉项目进行了评价。Wang 等采用灰色关联分析法和模糊综合评价法对中国北方地区的灌区进行了后评价,首先建立了 5 级评价体系,分别包括 5 个二级指标,14 个三级指标和 35 个四级指标,并采用层次分析法确立各指标权重,得出了影响评价结果的主要因素。Shang 等采用多层次模糊综合评价法和层次分析法对葡萄节水灌溉项目进行了后评价,结果表明所确定的指标能够客观反映出对综合评价的影响。Cao 等基于层次分析模型的综合评价模型,对灌区建设项目进行了后评价,分别从社会经济、土地资源和农业用水管理等方面建立指标体系。Zhang 等建立通辽地区灌区综合评价指标体系,结合层次分析法对其做了综合评价,并通过评价结果分析了提高评价效果的改进方向和措施。

在多种后评价法中,层次分析－模糊综合评价法(AHP－FCE)以具有简单、快捷、通用等特点被广泛应用到工程建设项目后评价中,其原理是采用分而治之的方法,分解目标构建层次模型,通过 AHP 法得到各指标权重并作为 FCE 权向量,得到综合评价结果。

Zhen 等采用改进的 AHP - FCE 对公路建设项目进行后评价,结果表明该方法非常有效。Zhang 等采用 AHP - FCE 分析了扬子江水安全管理状况,从水资源管理、交通安全管理等方面提出了对策和建议。Zhao 等将 AHP - FCE 应用到特高压输电工程项目的后评价中,首先建立了风险指标体系,以 AHP 得到风险指标权重,最后用 FCE 方法进行风险评估。Yao - Long 等采用 AHP - FCE 对大安市土地整理项目进行了后评价,建立的指标体系包括可持续的工程措施、经济效益和社会效益、生产能力和管理机制等几个方面,在考虑土地整理模糊性的基础上得到了评价结果。Deng 等评估主要溶液生产工艺的铸造质量过程中应用 AHP - FCE 进行了综合评价,通过层次分析法分析生产过程的不同方案确定各评价指标的权重;应用该方法对生产过程进行了改进前后的综合评价。Zhang 等通过 AHP - FCE 对最适合于农村采暖系统的类型做了排序,建立了 3 个一级指标和 9 个二级指标,结合专家打分得出层次权重,最后进行了模糊综合评判。Ning 等通过建立的可持续发展能力评价体系,应用 AHP - FCE 对广东科技园发展能力进行了定量的评价与分析,并根据评价结果指出改进措施。

胡伟等结合工业园区废水治理项目,建立了评价指标体系,通过 AHP 确定了各指标权重,应用 FCE 建立了污水治理绩效评价模型,并进行了综合评价。刘鑫等应用 AHP - FCE 对气泡混合土的耐久性做了综合评价,建立了多目标下的综合评价模型,确定了各指标权重并构建了隶属度函数,最后进行了综合评价。

1.3 研究目标与内容、技术路线

1.3.1 研究目标

(1)通过对红壤水分溶质运移的研究,分析红壤水分溶质运移规律,结合红壤地区灌溉,确定水分溶质运移等相关参数取值。并通过模型对红壤水分溶质的运移进行数值模拟,确定了模型相关参数。为红壤地区水分溶质运移研究及数值模拟提供理论依据。

(2)以我国南方丘陵山区红壤脐橙滴灌技术为研究对象,进行室内滴灌试验。分析多因素影响下的多点源滴灌交汇入渗过程及含水率和溶质分布规律,通过 HYDRUS 软件建立三维模型,确定模型相关参数,并进行数值模拟。探求适合于红壤丘陵地区多点源滴灌技术参数及数值模拟参数,为滴灌田间试验提供参考。

(3)通过田间试验研究,以期确定红壤丘陵地区脐橙最适合滴灌技术参数,建立相应的水分溶质运移模型,并通过工程建设项目后评价法对按照试验结果实施的滴灌项目进行评价,从而对脐橙滴灌技术参数确定以及滴灌水肥运移模拟和管理等方面提供理论支撑。

1.3.2 研究内容

本研究围绕红壤丘陵地区脐橙滴灌技术参数确定,展开红壤水分溶质运移、相关参数

测定,多因素影响下滴灌交汇入渗、田间滴灌试验及数值模拟、脐橙滴灌工程建设项目后评价等方面的研究。主要研究内容包括:

(1)红壤水分溶质入渗机制及入渗模型研究。

进行垂直/水平红壤水分溶质入渗试验,研究不同因素对红壤水分溶质运移的影响,建立水分溶质运移数学模型并借助商业化软件 HYDRUS 和 MATLAB 进行参数确定与模拟,分析模型的准确性。通过测定土壤质地、理化特性、饱和导水率、水分特征曲线等,进而确定适合于红壤水分溶质运移的模拟软件和相关参数。

(2)多因素影响下红壤多点源滴灌交汇入渗水分溶质运移及数值模拟。

研究不同红壤容重下多点源滴灌交汇入渗对湿润锋的推移过程及湿润体的形状影响。研究容重 1.4 g/cm^3 条件下滴头间距和流量对交汇入渗湿润锋推移、含水率及 NO_3^- - N 含量在湿润体内的分布变化规律。建立多点源交汇入渗三维模型,借助于 HYDRUS - 3D 软件依据入渗模拟成果分析模型参数,并进行数值模拟,分析模型模拟的准确性。根据试验及模拟结果分析室内条件下最适合于红壤滴灌的技术参数,为田间试验提供指导。

(3)田间试验及红壤滴灌合理取值研究。

分析室内试验的结果,在室内试验的基础上展开田间试验。研究田间条件下间距和流量对滴灌湿润体大小以及湿润体内含水率和 NO_3^- - N 含量的分布状态,通过 HYDRUS - 3D 软件建立入渗模型,进行田间多点源滴灌的模拟及相关参数的确定,分析模型的模拟结果的准确性。综合室内田间研究成果,分析适合于红壤脐橙滴灌的技术参数。

(4)红壤丘陵地区脐橙滴灌高效节水建设工程实施效果后评价。

选择寻乌县晨光镇 4 个行政村来实施试验采用的不同技术参数下的多点源滴灌节水工程。以优选滴灌技术参数为目的进行按照不同参数设计实施后的滴灌工程项目后评价,建立评价体系,确定评价指标,分析指标的内涵及取值,通过层次分析法构造判断矩阵并确定各指标权重,应用模糊综合评价法对脐橙滴灌节水改造工程实施效果进行全面评价,并得出最佳的滴灌技术参数。

1.3.3 技术路线

采用试验与理论相结合的方法,首先对红壤水分溶质垂直/水平运移规律及相关参数进行试验测定,并建立数学模型结合商业化软件 HYDRUS 和 MATLAB 进行数值模拟,分析模型参数及模拟精度。通过室内土箱试验和室外田间试验进行多因素影响下的多点源滴灌交汇入渗试验,建立三维数学模型,借助于 HYDRUS - 3D 模型进行数值模拟。分析适合于红壤丘陵地区脐橙滴灌的技术参数,并应用于脐橙滴灌设计工程中,结合 AHP - FCE 建立评价体系,对实施效果进行评价,综合分析得出适合于红壤丘陵地区脐橙滴灌的技术参数。技术路线如图 1-1 所示。

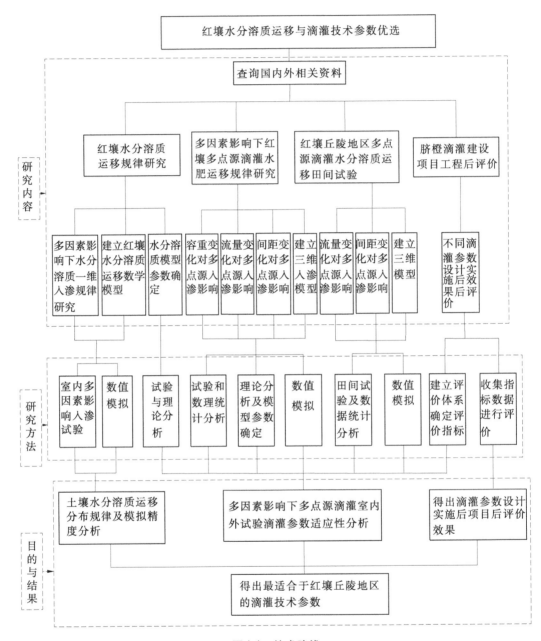

图 1-1　技术路线

第 2 章　试验方案和研究方法

2.1　红壤水分溶质运移试验

2.1.1　试验材料

为了研究江西省赣南地区脐橙种植土壤红壤的水肥运移规律及不同因素影响下滴灌水肥运移分布,根据试验需要,分别于 2012 年 5 月、2013 年 12 月和 2016 年 3 月 3 次从江西省寻乌县澄江镇汶口村脐橙果园内取回供试红壤。供试红壤为距地表 100 cm 内的种植土,现场按照每 10 cm 取样测定红壤容重、孔隙率、初始含水率;将试验土样取回实验室后统一处理,去除杂质碎石等之后风干过 2 mm 筛,通风保存,土壤颗粒分析用英国马尔文仪器有限公司生产的 Mastersize 2000 激光粒度分析仪,粒径在 $0 < d \leqslant 0.002$ mm, 0.002 mm $< d \leqslant 0.02$ mm, 0.02 mm $< d \leqslant 2$ mm 的颗粒含量分别为 44.25%、38.39%、17.36%,按照用国际制土壤质地分级标准,供试红壤质地为壤质黏土。试验在南昌工程学院灌溉排水实验中心展开,室内温度控制在 $18 \sim 23$ ℃,试验过程中不考虑温度对水分溶质运移的影响。

2.1.2　试验设计与系统

采用一维土柱积水入渗试验,分别研究水平和垂直状态下红壤水分溶质的运移规律。水平垂直土柱试验设定 5 个不同的红壤容重(1.20 g/cm³、1.25 g/cm³、1.30 g/cm³、1.35 g/cm³、1.40 g/cm³),溶质选用常规非吸附性离子 Cl⁻,溶质浓度 165 mg/L,供试土壤初始 Cl⁻ 浓度为 9.6 mg/L。对红壤水分溶质运移规律进行进一步研究,以及为后续滴灌试验提供基础数据,在 Cl⁻ 入渗的基础上,研究 NO_3^- – N 在 5 个不同浓度(162.1 mg/L、315.2 mg/L、488.7 mg/L、651.6 mg/L、815.2 mg/L),容重为 1.40 g/cm³ 的垂直运移规律。试验开始前配置好不同浓度的 NO_3^- – N 溶液,在此基础上进行溶质浓度对水分表面张力影响的试验,试验溶质选取为 NO_3^- – N,浓度设定为上述 5 个浓度,试验将配置浓度的溶液放置在玻璃皿中,用毛细管测定不同溶液浓度的毛细管的管壁浸润高度,计算出各浓度下的表面张力。

试验装置采用西安理工大学设计生产的一维非饱和土壤水分运动试验系统,系统由马氏瓶、有机玻璃土柱、支架等组成;土柱高 125 cm,内径 10 cm,土柱上每隔 5 cm 开一直径为 1 cm 的孔,每层开 3 个孔。土壤含水率的测量采用埋设在土体内不同深度处的美国道波生产的 TDR9000 探头测定。水平/垂直试验系统如图 2-1 所示。

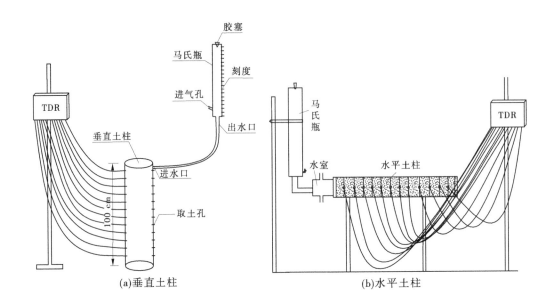

图 2-1　一维入渗试验系统

2.1.3　试验方法和过程

　　试验采用积水入渗,试验开始前采用烘干法测定出土壤初始含水率。测得试验土壤的初始含水率为 3.5% ~5.2%,为了保证红壤的均匀性,消除空间差异引起的试验误差,设定每 5 cm 装一层土;采用万分之一天平按照设计容重将风干过筛后的土壤称重,装入土柱后用夯土器夯实,层与层之间的结合面采用毛刷刷毛。土柱下方铺垫一层砂石层模拟自由排水边界,土柱高度为 1.5 m 土壤填筑至距进水口 2 cm 结束填土,水平土柱填筑至法兰盘处。土柱每隔 5 cm 开设两个孔,将 TDR 探头插入到其中一个孔内并密封,连接好试验系统。试验供水采用配置好的溶液,开始试验,试验设计水头均为 2 cm,水平土柱则在水室内迅速充满水,用秒表记录时间,试验初期每隔 2 min 记录一次马氏瓶读数及土柱湿润锋距离,记录几组后,每隔 5 min 记录一次,记录几组。之后按此规律间隔 10 min、30 min、60 min 记录数据,并同时可记录 TDR 探头的瞬时值,当湿润锋达到土柱装土长度的 3/4 以上后结束试验,每组试验重复 2 次。试验结束后,采用取土法测定不同深度处的土壤溶质含量。为了研究溶质随水分在红壤中的迁移过程,在入渗结束后立即封住土柱口,24 h 后再次取样测定。

2.1.4　测定项目与方法

　　试验过程中测定的项目包括土壤容重、土壤含水率、湿润锋、累积入渗量以及溶质浓度,Cl^- 采用滴定法测定,$NO_3^- - N$ 浓度的测定采用安捷伦公司生产的型号为 cary60 的紫外分光光度计测定。其他与试验有关的参数及测定方法如下。

2.1.4.1　土壤水分特征曲线

　　土壤水分特征曲线可以反应出不同土壤的持水和排水特性,也可以得出特定土壤的水分常数和相关参数,其测定方法包括离心机法和压力膜法。本研究中的测定设备采用西安理工大学西北旱区生态水利工程重点实验室内日本 Kokusan 公司生产的 H-1400pF 土壤用高速离心机和南昌工程学院江西省水工程安全与资源高效利用工程研究中心美国 SEC2 生产的 150OF 压力膜系统,测定 5 个不同容重(1.20 g/cm³、1.25 g/cm³、1.30 g/cm³、1.35 g/cm³、1.40 g/cm³)的红壤脱湿过程土壤水分特征曲线。

2.1.4.2　土壤饱和导水率

红壤导水率的测定采用饱和渗透系数测定装置,饱和导水率采用定水头法,分别测定上述 5 个设计容重的土壤饱和导水率,对于脐橙种植园内的红壤饱和导水率则通过现场环刀取样后带至实验室内测定。测定之前将 BS-南-55 中的环刀按照设计容重装填好红壤,并浸泡至饱和。安装好 BS-南-55 并与试验系统连接开始试验,试验重复两次。

2.1.4.3　红壤扩散率 $D(\theta)$

红壤扩散率的测定采用水平土柱吸渗法。其试验装置见图 2-1(b)水平土柱法,在水平土柱中装入 5 个不同容重的风干过筛后的红壤,通过马氏瓶供超纯水,采用 TDR 探头测定不同时刻、不同位置处的土壤含水率,并记录不同时刻湿润锋的数值。

2.2　红壤多点源滴灌水分溶质运移室内试验

2.2.1　试验材料

供试土壤采集及处理如 2.1.1 节部分,试验不考虑土壤含水率对水分溶质运移的影响,所以风干后的红壤密封保存,避免空气湿度变化对红壤含水率产生影响。供试土壤初始 $NO_3^- - N$ 浓度为 6.75 mg/L。

2.2.2　试验设计与系统

考虑到多点源滴灌试验的复杂性与可控制性,并结合脐橙滴灌所形成的湿润体范围是否满足根系吸水的要求等实际需要进行试验设计。

试验设计为采用 2 因素 5 水平的设计,考虑的因素包括滴头间距、流量。设计滴头的间距为 20 cm、30 cm、40 cm、50 cm、60 cm,滴头流量为 2.1 mL/min、4.2 mL/min、8.4 mL/min(室内试验为 1/4 圆,所以只考虑 1/4 的滴头流量对应的流量分别为 0.5 L/h、1 L/h、2 L/h)。$NO_3^- - N$ 含量设计为 650 mg/L(参照当地脐橙灌溉施肥氮肥的施加量而定),设计容重为 1.4 g/cm³,试验共计 15 组,每组试验均设两个重复。并进行单点源入渗试验,进行滴头流量为 2.1 mL/min,溶质浓度为 651.6 mg/L,5 个不同容重下(1.20 g/cm³、1.25 g/cm³、1.30 g/cm³、1.35 g/cm³、1.40 g/cm³)湿润体形状及水分溶质分布试验。

试验装置采用西安理工大学水资源所设计生产的土壤水分运动试验系统,如图 2-2 所示,系统由马氏瓶、有机玻璃土箱、支架、流量控制器等组成;设计 5 个不同矩形结构的土箱,长宽高分别为 20 cm×20 cm×40 cm、30 cm×30 cm×60 cm、40 cm×40 cm×60 cm、50 cm×50 cm×60 cm、60 cm×60 cm×80 cm。土壤含水率的测量采用埋设在土体内不同深度处的 TDR 探头测定。

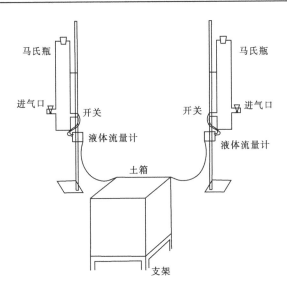

图 2-2　多点源滴灌室内试验系统

2.2.3　试验方法和过程

在土箱有机玻璃上用记号笔每隔 5 cm 画一条线,用以控制土壤的铺装质量。采用万分之一天平按照设计容重将风干过筛后的土壤称重并装入土箱后,用夯土器夯实,对土壤层与层之间的结合面采用毛刷刷毛。在 1 号滴头水平距离为 5 cm,垂直距离为 5 cm、10 cm、15 cm、20 cm、25 cm、30 cm 处和两滴头中间位置处,垂直距离为 0 cm、5 cm、10 cm、15 cm、20 cm、25 cm、30 cm 处埋设 TDR 探头,记录不同时间点的土壤含水率的值,其他位置通过烘干法测定。采用马氏瓶供水,医用针头模拟滴灌出水,用流量计控制流量。装置如图 2-2 所示。试验开始后,每隔 5 min,记录马氏瓶的读数,并在土箱上绘出湿润锋位置,记录 3 组后,间隔时间扩大到 10 min、30 min,并记录不同深度、不同时间的 TDR 瞬时值。试验结束后,在表层土上按照 0°、45°、90° 的方向划出 3 条线,间隔 5 cm 的地方用土钻取土样,测定土壤含水率和 $NO_3^- - N$ 含量。在建模过程中不考虑表面蒸发,所以在实验过程中将土壤表面用塑料遮盖。

2.3　红壤丘陵地区滴灌土壤水肥运移田间试验

2.3.1　试验区域概况及存在问题

红壤滴灌田间试验选定在寻乌县晨光镇脐橙种植园内进行,晨光镇位于寻乌县境西南部。镇政府驻于沁园春村。根据相关资料显示晨光镇下设 21 个行政村。区域内多年平均水资源总量为 1.0 亿 m³,其中县内产流 0.92 亿 m³,外县流经本县的过境水 0.08 亿 m³,地下水理论蕴藏量为 0.26 亿 m³,可利用水资源量为 0.5 亿 m³(含过境水)。项目区属亚热带季风气候,其气候特点是四季分明,气候温暖,雨量充沛,冬少严寒,夏无酷暑,降雨变量大,易发洪涝和干旱。多年平均降雨量 1 639.1 mm。但降雨量年际变化较大,最大年降雨量为 2 448.7 mm(1961 年),最小年降雨量为 946.8 mm(1991 年)。年内降雨时空分配也很不均匀,4 ~ 6 月多年平均降雨量为 767.1 mm,占全年降雨量的 46.8%。多年平均气温 19.1 ℃,最冷月为 1 月,平均气温 8.6 ℃,最热月为 7 月,平均气温 27.2 ℃,极端最高气温 38.2 ℃(1963 年),极端最低气温 -5.5 ℃(1963 年),多年平均年日照时数为 1 777.6 h。试验所在区属丘陵山区,由于降雨时空分布不均,种植脐橙、蜜桔,抗旱能力差,目前靠天然降雨、人工挑水灌溉,不但投入人力、物力较大,运行成本较高,而且灌溉质量得不到保证。每年的 7 ~ 11 月上旬是项目区脐橙的需水高峰期,而此时正是项目区的旱季,缺乏灌溉,脐橙、蜜桔生长得不到所必需的水分,生长缓慢,产量和品质都受很大影响;每年 9 月下旬项目区柑桔进入成熟期,此时脐橙成熟不需要大量的水分,但由于前期干旱缺水,缺乏灌溉,果实都处于缺水状态,每年由于干旱缺水导致脐橙落果、裂果所产生的减产至少为总产量的 15%。现有高效节水灌溉面积 0.59 万亩(1 亩 = 1/15 hm², 全书同),均采用滴灌灌水方式。

2.3.2　试验材料

试验选择在晨光镇实施了脐橙高效节水工程改造的竹背村脐橙种植园内进行,试验地布置在丘陵上,试验前对试验地距地表 100 cm 以内的土壤容重质地进行取样分析,试验地土壤基本物理性质见表 2-1。供试土壤初始 $NO_3^- - N$ 浓度为 21.25 mg/L。

表 2-1　试验地土壤基本物理性质

深度 (cm)	土壤机械组成(%)			国际制土壤 质地分类	饱和含水率	田间持水率	容重 (g/cm³)
	<0.002 mm	0.002 ~ 0.02 mm	>0.02 ~ 2 mm				
0 ~ 30	41.98	40.56	17.50		0.41	0.22	1.36
31 ~ 60	44.15	39.78	16.07	壤质黏土	0.43	0.20	1.40
61 ~ 100	45.23	40.89	13.98		0.46	0.19	1.41

2.3.3　试验设计与方法

田间试验主要研究多因素影响下多点源滴灌湿润体范围、含水率及 $NO_3^- - N$ 的分布。根据室内试验结果田间试验滴头间距设计为 20 cm、30 cm、40 cm、50 cm(间距为 60 cm 室内试验认为不适合于滴灌滴头间距的设计,所以在田间试验中没有采用),流量设计为 0.5 L/h、1 L/h、2 L/h,$NO_3^- - N$ 浓度设计为 651.6 mg/L,试验时间为 2016 年 6 ~ 9 月。入渗时间均为 4 h,试验在脐橙树下进行,试验开始清理地表杂物,并平整试验地面,使滴头水流能够顺利地入渗。按照设计流量用流量计控制滴头流量,现场配置好设计浓度的 $NO_3^- - N$ 溶液并装入马氏瓶,试验开始后记录马氏瓶读数,间隔 10 min 记录一次马氏瓶读数。待入渗时间达到设计时间后立即取土样测定不同位置处的含水率。点源入渗取土点布置在以滴头连线中点为圆心,半径为 50 cm 的半圆内,分别在以 0°、45°、90°、180°的半径上以 10 cm 间距取样,深度以 20 cm 为间距向下取土样直至深度达 100 cm(即深度为 0 cm、20 cm、40 cm、60 cm、80 cm、100 cm),土壤含水率用烘干法测定,田间试验方式及取样点布置如图 2-3 所示。NO$_3^-$ – N 含量通过将样品寄往南昌工程学院灌溉排水实验中心,利用紫外分光光度计测定。

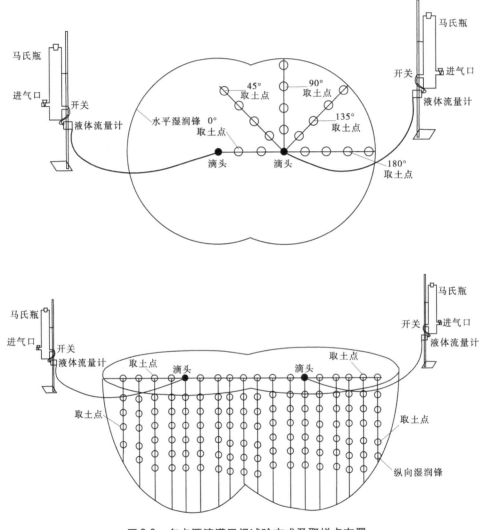

图 2-3　多点源滴灌田间试验方式及取样点布置

2.3.4　测定指标

2.3.4.1　蒸发量

模型建模过程中所需要的土壤蒸发量数据通过自制的微型蒸发器测定,蒸发器制作好通过天平称重后,埋设在试验点附近的土体内,每天晚 8 时称重测定蒸发量,综合试验期间蒸发量得出平均蒸发量为 3.5 mm/d。

2.3.4.2 脐橙产量及品质测定

测定脐橙产量主要测定脐橙的亩产量,脐橙品质测定主要测定单个脐橙果粒直径和可溶性固形物。脐橙亩产量的测定选取寻乌县晨光镇大仙背、竹背、岭背、黄坑等 4 个地点,按照试验设计参数实施了高效节水工程的脐橙果园测定亩产量。脐橙粒径则分别在测定亩产量的区域内随机选取 10 个脐橙,用游标卡尺测定粒径。采用具有温度补偿功能的手持式糖度计进行测定,将每个测了粒径的脐橙果汁滴到糖度计玻璃光孔处,仪器液晶显示屏上显示可溶性固形物含量,所测平均值代表该监测位置的糖分含量。

2.4 数据处理

试验数据处理绘图采用 EXCEL,回归分析及误差分析采用 MATLAB。田间滴灌湿润体形状图通过 MATLAB 绘制三维图。

第3章　红壤水分溶质运移规律研究

3.1　多因素影响下的红壤水分溶质运移研究

3.1.1　红壤容重对土壤水分及 Cl⁻ 运移影响

设定 5 个不同的土壤容重($1.20\ \text{g/cm}^3$、$1.25\ \text{g/cm}^3$、$1.30\ \text{g/cm}^3$、$1.35\ \text{g/cm}^3$、$1.40\ \text{g/cm}^3$),研究一维水平/垂直入渗条件下水分和溶质在红壤中的运移及分布过程。

3.1.1.1　红壤一维入渗容重对入渗能力的影响

湿润锋是湿润带的末端,是土壤干湿的交汇面,反映出水分在土壤中的运动过程和速度。一维水平/垂直土柱在不同红壤容重影响下入渗湿润锋随时间的变化如图 3-1 所示,由图可见两种条件下同一入渗时刻湿润锋的运移距离为 $1.20\ \text{g/cm}^3 > 1.25\ \text{g/cm}^3 > 1.30\ \text{g/cm}^3 > 1.35\ \text{g/cm}^3 > 1.40\ \text{g/cm}^3$。相同条件垂直入渗湿润锋大于水平入渗湿润锋,入渗开始后 200 min 以内湿润锋推移速度较快,之后湿润锋的推移速度明显减缓,水平入渗这个现象更加明显。垂直入渗容重为 $1.2\ \text{g/cm}^3$,在入渗开始后 200 min 时湿润锋已经达到

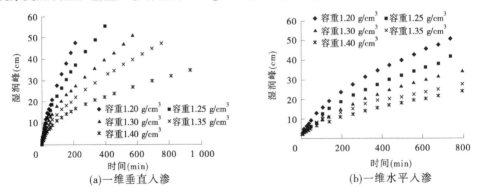

图 3-1　一维入渗在不同容重影响下湿润锋随时间的变化

土柱的一半,推移速度最快。说明土壤中的孔隙率影响了湿润锋的推进速度,由于高容重的红壤孔隙率较少从而阻碍了湿润锋的推进。垂直条件下的入渗受到重力的影响,水分充满小孔隙后,大孔隙中的水在重力势能的作用下推进下渗的速度较快,使得湿润锋推移很快。水平条件的入渗属于水分的扩散,土壤中的基质势是主要的作用力,水分在基质吸力的作用下填充到土壤的小孔隙中,然后再填充大孔隙,所以水平条件下的湿润锋相比垂直条件下推进较缓慢。当红壤容重达到 $1.4\ \text{g/cm}^3$,即使在入渗开始后 1 000 min 时,其湿润范围也只是在 30 cm 的深度,如果在地表积水面积不发生变化的情况下,水平的湿润范围小于 30 cm。湿润锋之内的湿润土体称之为湿润体,大小反映出灌水后的土壤湿润范围,决定了作物根系的吸水区域,对于果树类经济作物,种植在高红壤容重区域不利于其

生长,需要疏松土壤。

累积入渗量是表征土壤入渗能力的主要指标。一维水平/垂直不同红壤容重下累积入渗量随时间的变化规律如图 3-2 所示。由图 3-2 可见,容重对红壤的累积入渗量影响较大,容重越大,对应的累积入渗量越小,垂直和水平入渗显示出同样的趋势。累积入渗量也是入渗进入到土壤中的水分的累加值,在相同的入渗时间内该值越小,那么就表明可供作物吸收利用的水分也越少,也表征出红壤的"纳水"能力;反映出土壤中的孔隙数量的多少和大小。在实际生产中应该对高容重红壤进行疏松工作,提高其纳水能力,便于作物根系附近有充足的水分。

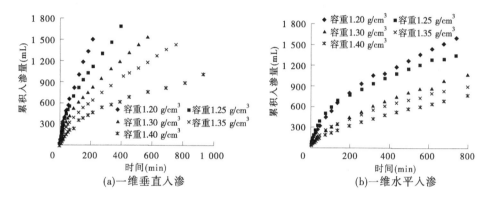

图 3-2　一维入渗不同容重影响下累积入渗量随时间的变化规律

土壤入渗率是表示土壤入渗能力的另一个重要指标,是单位时间内通过单位面积入渗到土壤中的水量。一维水平/垂直土柱不同红壤容重下土壤入渗率随时间的变化规律如图 3-3 所示,由图 3-3 可见,5 个不同红壤容重的水平/垂直入渗率与容重和入渗时间有关。总体而言,入渗率是随着入渗时间的变化而减小的,垂直入渗在入渗初期 100 min 内

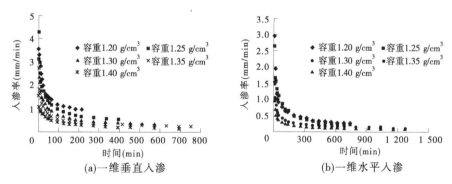

图 3-3　一维入渗不同容重影响下入渗率随时间的变化规律

入渗率较大,之后趋于平缓维持在一个稳定值,水平入渗则是在 300 min 后入渗率趋于稳定。同一时刻容重对入渗率大小的影响为 1.20 g/cm³ > 1.25 g/cm³ > 1.30 g/cm³ > 1.35 g/cm³ > 1.40 g/cm³。土壤水分的入渗过程受到土壤中较大孔隙含量和分布的影响,所以通过入渗率也可以反映出土壤的较大孔隙的数量和土壤紧密程度。水平入渗率在同一时刻明显弱于垂直状态下的入渗率,在水流的运移传导中较大孔隙起到了主导的作用,在大孔隙中水分在重力势的作用下入渗很快,而水平状态下只有基质势作用,致使入渗率低于

同容重垂直状态。

3.1.1.2 红壤一维入渗容重对 Cl⁻ 迁移的影响

　　分别进行 5 个不同容重条件下 Cl⁻ 随水分的垂直和水平一维入渗试验。试验结束后土壤含水率和 Cl⁻ 的分布,以及试验结束 24 h 后水分 Cl⁻ 的再分布过程如图 3-4、图 3-5 所示。

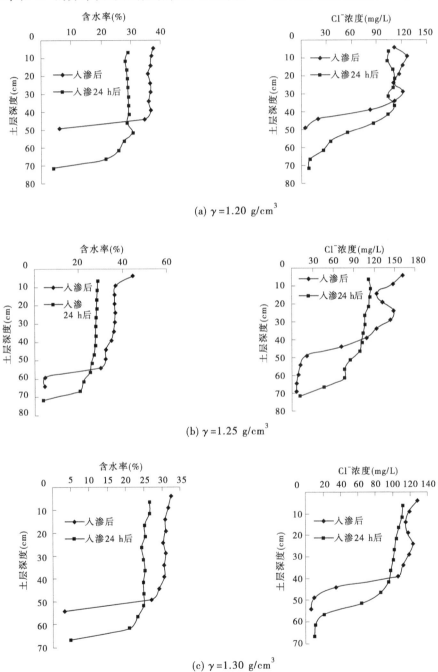

(a) $\gamma = 1.20$ g/cm³

(b) $\gamma = 1.25$ g/cm³

(c) $\gamma = 1.30$ g/cm³

图 3-4　一维垂直入渗后不同容重下的土壤含水率及 Cl⁻ 含量的变化及再分布

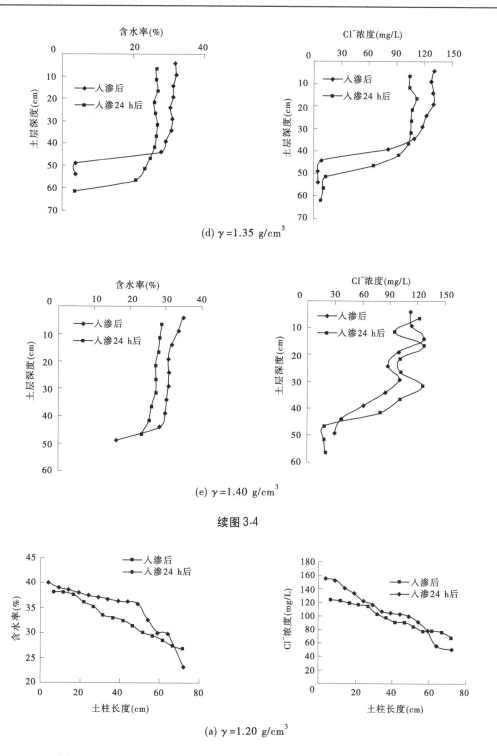

(d) $\gamma = 1.35\ \text{g/cm}^3$

(e) $\gamma = 1.40\ \text{g/cm}^3$

续图 3-4

(a) $\gamma = 1.20\ \text{g/cm}^3$

图 3-5　一维水平入渗后不同容重下的土壤含水率及 Cl⁻ 含量的变化及再分布

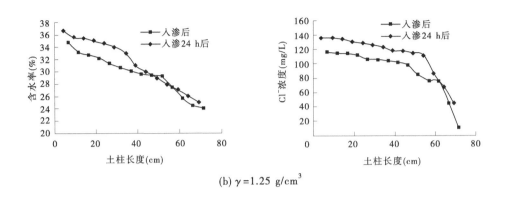

(b) $\gamma = 1.25 \ \mathrm{g/cm^3}$

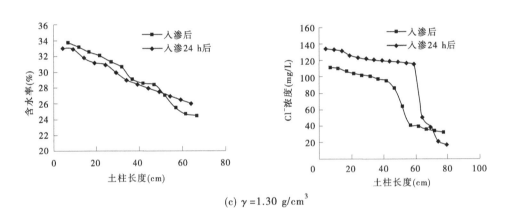

(c) $\gamma = 1.30 \ \mathrm{g/cm^3}$

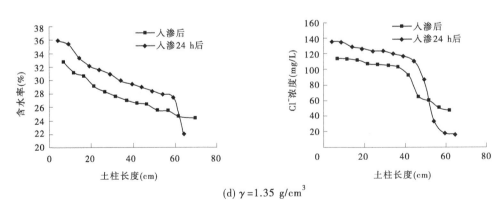

(d) $\gamma = 1.35 \ \mathrm{g/cm^3}$

续图 3-5

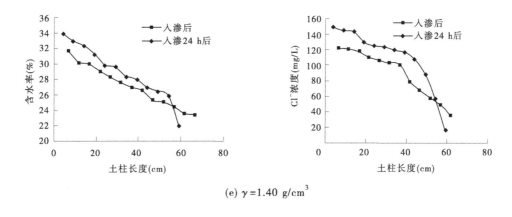

(e) $\gamma = 1.40 \ g/cm^3$

续图 3-5

由图 3-4 可见,Cl⁻ 随着水分在红壤中迁移和再分布,与水分运动具有同步性,Cl⁻ 是非吸附性离子,在红壤中表现出随水迁移的特征。分析对比垂直土柱试验结束后和 24 h 之后含水率再分布,可得垂直一维条件下湿润体内土壤含水率的差异较大,在离表面 10 cm 的土层内土壤含水率达到饱和状态,至此以下至湿润锋面出现衰减的趋势。试验结束 24 h 后土壤中的水分重新运动分布,5 个不同容重的含水率在同一剖面处趋于相同,垂直剖面上的含水率差异不大。红壤大孔隙中的水分在重力势能的作用下入渗,其余水分由于毛管吸力的作用存在于小孔隙中,当土壤质地相同时毛细管含量相近,所以再分布后剖面含水率趋于相同,而 Cl⁻ 也在水分再分布过程中在土柱内趋于均匀,更说明了其随水迁移的特点。

由图 3-5 可见,水平入渗容重越小,同一剖面处试验后及再分布后的含水率差别越大,水平入渗主要为基质吸力的作用,所以不同于垂直状态下,24 h 后水分在重力势的作用下继续下渗,湿润下部土壤,而水平状态受到基质吸力大小的影响,水分运动的速度较缓。Cl⁻ 随水分的变化而变化,在湿润锋处其含量较低。分析认为 Cl⁻ 随水分在红壤大孔隙中迁移,湿润锋面处含水率较低,所以 Cl⁻ 含量也较小。

3.1.2 浓度变化对红壤水分溶质运移影响

3.1.2.1 浓度变化对土壤入渗能力的影响

红壤容重为 1.40 g/cm^3 时,$NO_3^- - N$ 浓度变化对土壤入渗能力的影响如图 3-6 所示。由图 3-6(a) 可见,随着入渗时间的延长,湿润锋呈现增加趋势。同时,图 3-6(a) 表明浓度对红壤入渗能力有较大的影响,表现为 $NO_3^- - N$ 浓度越大,湿润锋的推移速度越快,$NO_3^- - N$ 浓度为 815.2 mg/L 时,同一入渗时刻湿润锋的推移距离最大;浓度为 315.2 mg/L、162.1 mg/L 的湿润锋推移速度明显缓于其他三个浓度。不同浓度的累积入渗量也有较大的差异,浓度越大累积入渗量也越大,在相同入渗时段,浓度对累积入渗量的影响与对湿润锋的影响相同。浓度对入渗率也有影响,表现为 5 个不同浓度的入渗率在入渗开始后 50 min 内出现急剧降低的现象,之后趋于平缓达到稳定入渗状态。在入渗稳定之后,浓度为 815.2 mg/L 时土壤入渗率高于其他几个浓度。

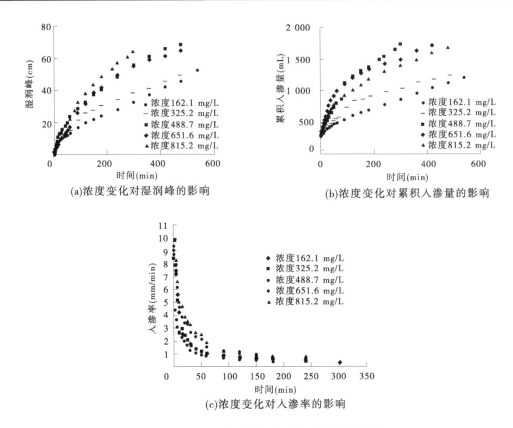

(a)浓度变化对湿润峰的影响

(b)浓度变化对累积入渗量的影响

(c)浓度变化对入渗率的影响

图3-6 $NO_3^- - N$ 浓度变化对土壤入渗能力的影响

综上所述,非吸附性离子的浓度变化对红壤入渗能力有较大的影响,浓度越大入渗能力越强。分析认为,试验的溶质离子为非吸附性离子其所带负电荷中和抵消了土壤颗粒所带的正电荷,由于颗粒间的电荷被抵消,颗粒的相互排斥作用减小,颗粒团聚在一起,改变了团聚结构。受到浓度的影响,颗粒之间更加团聚,使得土壤中的孔隙数量和孔径增加,提高土壤的入渗能力。此外,不同浓度溶液的表面张力受到浓度变化而改变,通过实验测得不同浓度 $NO_3^- - N$ 溶液表面张力如表3-1所示,由表可见,溶液浓度越大,表面张力也越大,毛细管的水柱上升高度也越高。说明当溶液溶度提高时,进入到土壤毛细管中的水分增加,连通了入渗通道,提高了土壤的入渗能力。

表3-1 不同浓度 $NO_3^- - N$ 溶液的表面张力

浓度(mg/L)	密度(g/cm³)	水柱高(mm)	表面张力(×10⁻³ N/m)
815.2	1.518 6	31.2	132.28
651.6	1.502 6	30.3	128.81
488.7	1.499 7	29.1	123.46
325.2	1.475 6	27.9	118.65
162.1	1.423 6	25.2	106.90

3.1.2.2 浓度变化对水分和 $NO_3^- - N$ 运移的影响

浓度变化对水分和 $NO_3^- - N$ 运移的影响如图 3-7 所示。由图可见,浓度的变化对水分和 $NO_3^- - N$ 运移分布有较大的影响,试验结束后浓度越大,同一深度处含水率和 $NO_3^- - N$ 也越高,浓度对水分和 $NO_3^- - N$ 运移分布影响大小为 814.5 mg/L > 651.6 mg/L > 488.7 mg/L > 325 mg/L > 162.1 mg/L,在距离土柱表层 40 cm 的深度这个影响最显著。距离土柱表层越近渗入到土壤内的水分和溶质也越多,对土壤颗粒团聚结构的影响也越大,增加了该区域土壤的贮水能力,而 $NO_3^- - N$ 作为非吸附性离子随水迁移,水分含量越多,相应的其含量也越大。随着入渗深度的增加,渗入到土柱内的水分减少,影响了土壤颗粒的团聚改变,所以相应的含水率和溶质含量出现降低。

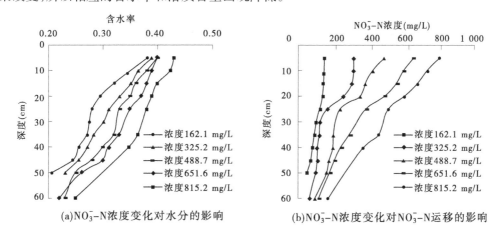

(a)$NO_3^- - N$ 浓度变化对水分的影响　　(b)$NO_3^- - N$ 浓度变化对 $NO_3^- - N$ 运移的影响

图 3-7　$NO_3^- - N$ 浓度对水分和 $NO_3^- - N$ 运移的影响

3.1.3　入渗模型对红壤入渗规律的适应性研究

3.1.3.1　入渗模型分析

土壤水分入渗过程是土壤水循环的重要表现,学者们建立了大量的模型来描述土壤入渗规律。目前应用较广的入渗模型包括 Holton 模型、Kosjiakov 模型、Philip 模型以及 Green - Ampt 模型等。其中 Holton 模型和 Kosjiakov 模型是经验模型,没有实际的物理意义;而其他两个模型都具有明确的物理意义,且具有较高的精度特征参数能够与土壤物理特性建立相关关系。结合室内水平/垂直土柱实验,分析 Green - Ampt 模型和 Philip 模型对不同容重红壤入渗规律模拟的准确性。

Green - Ampt 建模过程中做了基本假定,包括:①模拟土体土壤含水率分布均匀且为积水入渗;②入渗过程出现明显的湿润锋且湿润锋面水平;③湿润锋面将土体分为干、湿区域,湿润区土壤均为饱和含水率和饱和导水率,干燥区土壤含水率为初始含水率;④湿润锋面处存在一个固定的吸力。入渗率模型具体表示为

$$i = k_{s1} \left(\frac{h_0 + h_f + z_f}{z_f} \right) \tag{3-1}$$

式中,i 为入渗率,cm/min;k_{s1} 为土壤饱和导水率,cm/min;h_0 为土壤积水深度,cm;h_f 为湿

润锋面吸力,cm;z_f为概化的湿润锋深度,cm。

对于短历时入渗,基质势占主导地位,可将式(3-1)简化为

$$i = k_{s1}\left(\frac{h_f}{z_f}\right) \tag{3-2}$$

在 Green－Ampt 模型参数中,表面积水深度通过试验设定,可以建立概化湿润锋深度与累积入渗量的关系,具体表示为

$$I = (\theta_s - \theta_i)z_f \tag{3-3}$$

式中,I 为累计入渗量,cm;θ_s 为土壤饱和含水率,cm/cm^3;θ_i 为土壤初始含水率,cm/cm^3。

通过获得土壤饱和导水率和湿润锋面吸力就可用 Green－Ampt 模型计算土壤的入渗特性。

Philip 模型根据水量平衡原理分析认为入渗率与时间呈现幂级数关系,具体表示为

$$i_0 = \frac{1}{2}St^{-0.5} + A \tag{3-4}$$

式中,i_0 为入渗率,cm/min;S 为土壤吸湿率,cm/min;t 为入渗时间,min;A 为稳定入渗率,cm/min。

对于短历时入渗,不考虑稳定入渗率,则模型可简化为

$$i_0 = \frac{1}{2}St^{-0.5} \tag{3-5}$$

累计入渗量(Philip 模型)可以表示为

$$I_0 = St^{0.5} \tag{3-6}$$

3.1.3.2　两种入渗模型适应性分析

以上述 5 个不同容重(1.20 g/cm^3、1.25 g/cm^3、1.30 g/cm^3、1.35 g/cm^3、1.40 g/cm^3)的水平/垂直试验为对象,利用 Green－Ampt 模型和 Philip 模型对 5 个不同容重的水平/垂直入渗率的实测数据进行拟合,得到的模型拟合参数如表3-2、表3-3所示。由表可见,两个入渗模型对试验结果的拟合参数受容重的影响较大,K_{s1} 和 S 均随着红壤容重的增加而减小;h_f则随着容重的增大而变大。两模型拟合的相关系数均在 0.97 以上,表明这两个入渗模型对红壤入渗率的模拟效果较好。

将两模型根据实验结果拟合出的参数,代入到式(3-3)和式(3-6)中,计算在确定模型参数后不同容重的累积入渗量。两个入渗模型水平和垂直状态累积入渗量的实测值和模型计算值如图3-8、图3-9所示。

由图3-8可见,Green－Ampt 模型能够较好地模拟出累积入渗量的变化,模型对垂直入渗模拟值与实测值的一致性优于水平入渗。水平入渗实测值和模型模拟值的相对误差随容重的减小而增大,容重为 1.20 g/cm^3 的相对误差达到9.8%,垂直入渗最大相对误差仅为5.6%。

由图3-9可见,Philip 模型计算值与实测值的一致性较好,容重越小,两者的相对误差越大,容重为 1.20 g/cm^3 相对误差达到最大;水平入渗误差达到12.5%,垂直入渗误差达到8.7%,模型对垂直入渗的模拟精度高于水平入渗。

表 3-2 水平土柱两个入渗模型拟合参数

容重（g/cm³）	1.20		1.25		1.30		1.35		1.40	
模型	Green – Ampt	Philip	Green – Ampt	Philip	Green – Ampt	Philip	Green – Ampt	Philip	Green – Ampt	Philip
参数	K_{s1}　h_f	S	K_{s1}　h_f	S	K_{s1}　h_f	S	K_{s1}　h_f	S	K_{s1}　h_f	S
拟合值	0.077　16.647	0.851	0.069　26.273	0.667	0.042　33.033	0.481	0.037　34.257	0.372	0.026　46.540	0.299
相关系数 R^2	0.992	0.996	0.996	0.995	0.994	0.991	0.991	0.989	0.983	0.981

表 3-3 垂直土柱两个入渗模型拟合参数

容重（g/cm³）	1.20		1.25		1.30		1.35		1.40	
模型	Green – Ampt	Philip	Green – Ampt	Philip	Green – Ampt	Philip	Green – Ampt	Philip	Green – Ampt	Philip
参数	K_{s1}　h_f	S	K_{s1}　h_f	S	K_{s1}　h_f	S	K_{s1}　h_f	S	K_{s1}　h_f	S
拟合值	0.332　7.972	0.851	0.246　13.793	0.667	0.187　16.671	0.481	0.159　32.078	0.372	0.086　57.839	0.299
相关系数 R^2	0.995	0.993	0.992	0.991	0.987	0.985	0.982	0.980	0.978	0.975

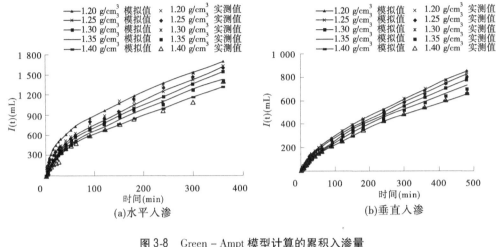

图 3-8　Green – Ampt 模型计算的累积入渗量

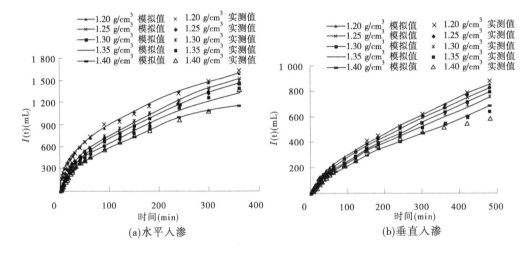

图 3-9　Philip 模型计算的累积入渗量

　　Green – Ampt 模型对红壤入渗的模拟精度好于 Philip 模型，Green – Ampt 模型中参数 K_{s1} 和 h_f 无明确的物理意义，并受到土壤容重、质地以及含水率等因素的影响，能够更加真实地反映出红壤入渗规律；而 Philip 模型参数 S 为土壤的吸水能力，该参数与土壤特性的相关度不高，难以反映出不同质地的土壤独有的性质，所以对红壤的模拟精度较低。综合分析 Green – Ampt 模型更适合于红壤入渗特性的模拟。

3.2　土壤水分溶质运移基本方程

3.2.1　土壤水分运动方程

　　土壤水分运动方程按照发展历程可分为达西定律（1856）、白金汉 – 达西定律（1907）和 Richards 方程（1931）等过程，其中达西定律主要用于测定饱和导水率，而白金汉 – 达西定律和 Richards 方程主要用于描述非饱和土壤水分运动问题,目前应用最广的为 Richards 方程及一维土壤水分运动 Richard 模型。[193]

(1)定水头一维垂直入渗问题可描述为

$$
\left.
\begin{aligned}
\frac{\partial \theta}{\partial t} &= \frac{\partial}{\partial z}\Big[D(\theta) \frac{\partial \theta}{\partial z}\Big] - \frac{\partial K(\theta)}{\partial z} \\
\theta(0,z) &= \theta_i \\
\theta(t,0) &= \theta_0 \\
\theta(t,\infty) &= \theta_i
\end{aligned}
\right\}
\tag{3-7}
$$

式中, θ_0 为初始土壤含水率,cm/cm^3 ; θ_i 为土壤上边界含水率,cm/cm^3 ; $D(\theta)$ 为非饱和扩散率,cm^2/min ; $K(\theta)$ 为非饱和导水率,cm/min ; t 为入渗时间,min ; z 为垂直入渗距离,cm 。

(2)定水头一维水平入渗问题可描述为

$$
\left.
\begin{aligned}
\frac{\partial \theta}{\partial t} &= \frac{\partial}{\partial x}\Big[D(\theta) \frac{\partial \theta}{\partial x}\Big] \\
\theta(0,x) &= \theta_i \\
\theta(t,0) &= \theta_0 \\
\theta(t,\infty) &= \theta_i
\end{aligned}
\right\}
\tag{3-8}
$$

式中,x 为水平入渗距离,cm 。

3.2.2　一维非饱和溶质运移对流弥散模型

土壤溶质迁移过程同样是依据质量守恒方程和土壤溶质通量方程得到土壤溶质迁移的基本方程。根据对流弥散理论所描述的土壤溶质迁移通量方程和质量守恒方程,可以获得描述土壤溶质迁移的基本方程,这个基本方程通常称为对流 – 弥散方程。

定水头一维垂直入渗溶质运移方程可描述为

$$
\frac{\partial(\theta c)}{\partial t} = \frac{\partial}{\partial z}\Big(D_{lh} \frac{\partial c}{\partial z}\Big) - \frac{\partial(J_w c)}{\partial z}
\tag{3-9}
$$

初始条件

$$
c = c_a \qquad (t = 0, z)
\tag{3-10}
$$

边界条件

$$
\left.
\begin{aligned}
c &= c_b \qquad (t, z = 0) \\
c &= c_a \qquad (t = \infty, z)
\end{aligned}
\right\}
\tag{3-11}
$$

对于一维垂直问题

$$
J_w = - D(\theta) \frac{\partial \theta}{\partial z} - K(\theta)
\tag{3-12}
$$

将式(3-12)代入式(3-9)可得

$$\frac{\partial(\theta c)}{\partial t} = \frac{\partial}{\partial z}\left(D_{\text{lh}} \frac{\partial c}{\partial z}\right) + \frac{\partial}{\partial z}\left[cD(\theta)\frac{\partial \theta}{\partial z} + cK(\theta)\right] \tag{3-13}$$

对式(3-11)展开

$$\frac{\partial(\theta c)}{\partial t} = \frac{\partial}{\partial z}\left(D_{\text{lh}}\frac{\partial c}{\partial z}\right) + D(\theta)\frac{\partial \theta}{\partial z}\frac{\partial c}{\partial z} + c\frac{\partial[D(\theta)\partial \theta]}{\partial z^2} + c\frac{\partial K(\theta)}{\partial z} + K(\theta)\frac{\partial c}{\partial z} \tag{3-14}$$

式中，c 为溶质浓度，mg/L；c_a 为上边界溶质浓度，mg/L；c_b 为土壤初始溶质浓度，mg/L；D_{lh} 为水动力弥散系数，cm^2/min；$D(\theta)$ 为非饱和扩散率，cm^2/min；$K(\theta)$ 为非饱和导水率，cm/min；t 为入渗时间，min；z 为入渗距离，cm。

3.3　HYDRUS 建模及模拟

3.3.1　HYDRUS 建模过程

借助 HYDRUS 软件建立土壤水分和溶质的运移模型，并进行一维和三维状态下的水分溶质运移模拟。通过模拟非饱和状态的红壤水分溶质迁移，验证模型的准确性并为红壤入渗参数的选取和入渗模拟提供参考。HYDRUS 模型采用有限单元法，其建模思路如图 3-10 所示。

3.3.2　测定方法对不同容重红壤水分特征曲线的影响

土壤水分特征曲线（简称 PF 曲线）用以反映土壤中水的含量和能量之间的关系，是定量模拟土壤中水分溶质运移的重要依据参数。可以通过 PF 曲线间接地反映出土壤孔隙的大小，并与土壤的持水能力、透气性和水分对于作物的可利用性等相关。而 PF 曲线体现出了土壤含水率和基质势之间的作用关系，受到土壤容重、质地、孔隙形状及有机质含量等因素的影响。两个试验测定的 PF 曲线与 RETC 软件模拟的结果进行对比分析，为红壤水分特征曲线参数的最终确定提供依据。

3.3.2.1　土壤水分特征曲线参数推求

土壤水分特征曲线的获得较为容易，根据毛细管理论，证明了土壤水分特征曲线和土壤孔隙分布之间的关系，而土壤的非饱和导水率又是孔隙结构的函数，从而建立了土壤水分特征曲线与非饱和导水率间的函数关系，Burdine 和 Mualem 等建立了由土壤水分特征曲线预报非饱和导水率的模式，依据这些模型 Brooks – Core 和 van Cenuchten 先后根据不同的土壤水分特征曲线形式获得了非饱和导水率的计算方法。Burdine 建立的预测非饱和导水率的模型如下：

$$K(\theta) = \frac{K_a \theta^l \int_0^\theta \frac{\mathrm{d}x}{h^2(x)}}{\int_0^1 \frac{\mathrm{d}x}{h^2(x)}} \tag{3-15}$$

Mualem 的非饱和导水率的模式为

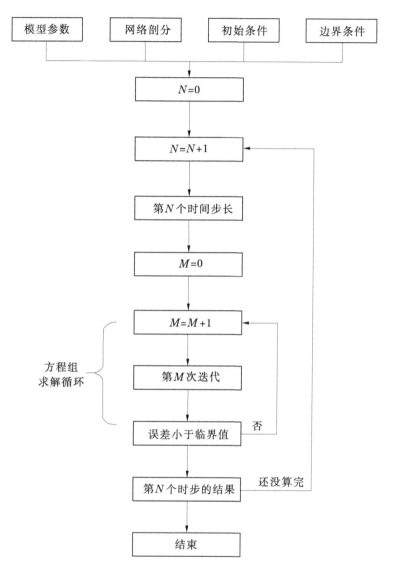

图 3-10　HYDRUS 建模思路

$$K(\theta) = \frac{K_a \theta^l \int_0^\theta \dfrac{\mathrm{d}x}{h(x)}}{\int_0^1 \dfrac{\mathrm{d}x}{h(x)}} \tag{3-16}$$

式中, $h(x)$ 为土壤水分特征曲线; l 为空隙弯曲度; θ 为有效饱和度,具体表达式为

$$\theta = \frac{\theta - \theta_r}{\theta_s - \theta_r} \tag{3-17}$$

Brooks – Core 采用的土壤水分特征曲线模型为

$$\theta = \left(\frac{h_d}{h}\right)^N \tag{3-18}$$

将式(3-18)代入 Burdine 模式[式(3-15)],积分可得非饱和导水率模型的表达式

$$K(\theta) = K_s\theta^{l+1+2/N} \tag{3-19}$$

令 $M = l + 1 + 2/N$，就可以得到我们常用的 Brooks – Core 非饱和导水率模型的表达式

$$K(\theta) = K_s\theta^M \tag{3-20}$$

Brooks – Core 采用的弯曲度为 $l = 2$，所以土壤水分特征曲线[式(3-18)]和非饱和导水曲线[式(3-20)]的参数之间存在如下关系：

$$M = 3 + 2/N \tag{3-21}$$

由土壤水分扩散率的定义，可以由式(3-18)及式(3-19)得到土壤水分扩散率的表达式：

$$D(\theta) = \frac{K_s h_d \theta^{l+1/N}}{N(\theta_s - \theta_r)} \tag{3-22}$$

van Cenuchten 采用的土壤水分特征曲线模型为

$$\theta = \left[\frac{1}{1 + (\alpha h)^n}\right]^m \tag{3-23}$$

van Cenuchten 假定 $m = 1 - \dfrac{1}{n}$，将式(3-23)代入 Mualem 模式[式(3-16)]，积分得到非饱和导水率的表达式为

$$K(\theta) = K_s\theta^l \left[1 + (1 - \theta^{1/m})^m\right]^2 \quad \left(m = 1 - \frac{1}{n}\right) \tag{3-24}$$

取土壤孔隙弯曲度因子 $l = 1/2$，就得到 van Cenuchten 非饱和导水率模型的表达式：

$$K(\theta) = K_s\theta^{1/2} \left[1 + (1 - \theta^{1/m})^m\right]^2 \tag{3-25}$$

同样可得土壤水分扩散率为

$$v(\theta) = \frac{(1-m)K_s\theta^{1/2-1/m}}{dm(\theta_s - \theta_n)}\left[(1 - \theta^{1/m}) + (1 - \theta^{1/m})^m - 2\right] \tag{3-26}$$

3.3.2.2 土壤水分特征曲线 VG 模型模拟结果对比分析

1. 不同方法得到的土壤水分特征曲线 VG 模型模拟结果对比分析

不同容重的 PF 曲线变化如图 3-11、图 3-12 所示。由美国盐土室的 van Genuchten 等于 1999 年开发的 Rosetta 模型，通过 RECT 软件输入土壤的颗粒级配中砂粒、粉粒、黏粒的百分含量以及土壤容重等土壤物理性质数据可直接输出 van-Genuchten 模型中的 4 个参数，并绘制成土壤水分特征曲线。按照不同的容重将试验测定结果与 RETC 软件模拟结果进行对比，如图 3-13 所示。

图 3-11 为离心机测定 5 个不同红壤容重的 PF 曲线，图为脱湿过程，离心机的转速为 100 ~ 8 700 r/min。从图可见，红壤容重对 PF 曲线有较大的影响，容重随土壤水吸力降低而陡降的现象，体积含水率为 0.25 cm/cm³ 时，出现明显的减缓趋势，表明红壤含水率对吸力有影响。结合图 3-12 压力膜法测定的土壤 PF 曲线，可认为含水率为 0.25 cm/cm³ 时可作为一个临界值，当不同容重的红壤含水率小于该值时，土壤水吸力随含水率的变幅较大；当含水率大于该值时，土壤水吸力随含水率的增加而变化的趋势不显著。当各容重达到饱和含水率时，土壤水吸力为零。在体积含水率小于 0.25 cm/cm³ 时，在各容重同处于某一个含水率的条件下，容重越高，土壤水吸力越大，土壤水吸力排序为 1.40 g/cm³ >

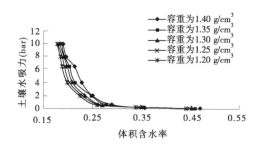

图 3-11　离心机法不同容重土壤水分特征曲线 VG 模型结果

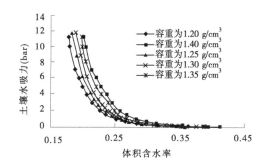

图 3-12　压力膜法不同容重土壤水分特征曲线 VG 模型结果

$1.35\ g/cm^3 > 1.30\ g/cm^3 > 1.25\ g/cm^3 > 1.20\ g/cm^3$。土壤颗粒组成对土壤自身的孔隙结构有决定作用,其黏粒含量较多时,土壤的含水率均较大。这与黏质土中的细小孔隙较多有关,当黏质土中细小孔隙较多时,其表面也相应的变大,可吸持水分含量大。本研究所采用的土壤为红壤,黏粒含量占到 40% 以上,对比于其他质地土壤有较大的土壤含水率。而同一质地条件下不同的土壤,随着容重的增加,土壤的总孔隙有所减少,但是容重的增加只是相应地降低了土壤中大孔隙的数量,对于中小孔隙却有促进增加的作用。由图 3-11 可见含水率相同时,容重越大红壤中中小孔隙数量增加,土壤表面能增大,吸附力相应增加;从而使得高容重红壤具有较高的土壤水吸力。5 个不同容重条件下土壤水吸力相同时,含水率排序为 $1.40\ g/cm^3 > 1.35\ g/cm^3 > 1.30\ g/cm^3 > 1.25\ g/cm^3 > 1.20$ g/cm^3。土壤中的水分包括吸湿水、膜状水、毛管水和重力水,吸湿水和部分膜状水是不能被作物吸收利用的,只有毛管水才能被作物吸收利用。相同土壤含水率条件下高容重红壤吸附力较大,那么被作物吸收利用的水分就会相应地减少,所以红壤地区高容重红壤会阻碍作物吸收利用土壤中的水分。

　　图 3-12 为压力膜设备测定的 PF 曲线图,其变化过程与离心机测定的相似,均是随着含水率的增加土壤水吸力降低,而含水率为 $0.25\ cm/cm^3$ 时是 PF 曲线变化的临界值,而容重对含水率和土壤水吸力的变化影响也与这个临界值有关。当含水率小于这个临界值时,容重的变化对吸力和土壤含水率有较大的影响,容重越小,相同条件下的土壤水吸力和含水率相应的也较小。当不同容重的土壤含水率大于这个临界值后,各容重的土壤水吸力趋于相同,没有明显的区分,所以容重对 PF 曲线变化的影响在含水率的临界值以下,超过这个值后容重的影响作用不明显。

不同容重下通过上述 2 种不同方法测定的 PF 曲线及通过 RETC 软件拟合的 PF 曲线对比,如图 3-13 所示。由图可见,3 种方法得到的 PF 曲线在同一含水率条件下土壤水吸力的排序为:RETC > 离心机法 > 压力膜法。红壤容重在 1.30 g/cm³ 以下时 3 种方法得到的曲线在某一点处三者的平均相对误差小于 10%,对于较高容重最大误差达到 17.9%。土壤容重为 1.40 g/cm³ PF 曲线,含水率较低时,压力膜测定的结果与其他两种方法的差距最大,分析认为本次试验压力膜法是做的脱湿过程,在试验过程中土壤为饱和土样,通过压力的变化将土壤中的水分挤压出来,对于高容重土壤,其中大孔隙的数量少,水分腾挪出来的空间被挤压。

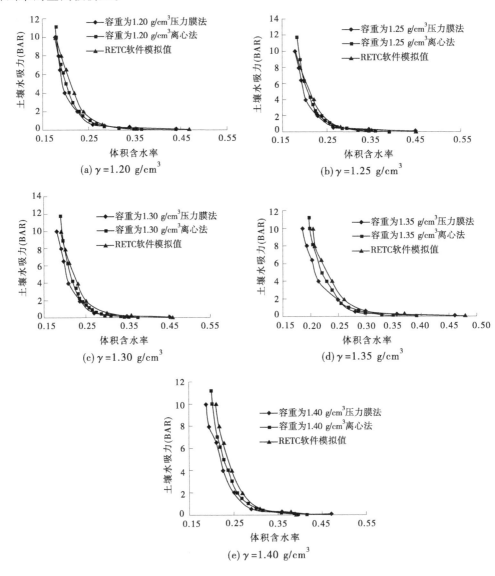

图 3-13　不同容重条件下土壤水分特征曲线模拟值与实测值对比

2.红壤水分特征曲线模型建立

表3-4 中为 3 种不同方法得到的 PF 曲线的 VG 模型拟合参数,其中进气吸力相关系数 α、形状系数 n 和 m 均为拟合值,其他几为实测值。结合上述内容,3 种方法在低容重时,测定或模拟的结果差异不大,高容重时,在含水率较低的情况下差异较大。

通过离心机法、压力膜法和 RETC 软件测定的 VG 模型拟合参数如表3-4 所示。

表3-4 离心机法、压力膜法和 RETC 软件测定的 VG 模型拟合参数

方法	容重 （g/cm³）	残余土壤 含水率 θ_r	进气吸力 相关系数 α （1/cm）	形状系数 n	m	R^2
离心机法	1.20	0.072	0.095	1.241	0.194	0.95
	1.25	0.841	2.927	1.116	0.104	0.93
	1.30	0.894	2.636	1.122	0.109	0.96
	1.35	0.951	2.208	1.124	0.110	0.95
	1.40	0.978	4.007	1.201	0.167	0.97
压力膜法	1.20	0.054	0.043	1.193	0.271	0.92
	1.25	0.082	0.032	1.240	0.256	0.90
	1.30	0.120	0.026	1.322	0.244	0.91
	1.35	0.123	0.024	1.344	0.194	0.96
	1.40	0.129	0.024	1.371	0.162	0.95
RETC 软件	1.20	0.168	0.075	1.685	0.407	0.95
	1.25	0.162	0.082	1.599	0.375	0.97
	1.30	0.145	0.132	1.434	0.303	0.92
	1.35	0.112	0.310	1.306	0.234	0.93
	1.40	0.107	0.402	1.280	0.218	0.97

分析讨论上述 3 种方法得到的红壤 PF 曲线均可以应用于实际生产中,在已知土壤容重、滞留含水率等容易获得的土壤基本性质条件下,推求其他几个相关参数,从而得到 VG 模型,估算红壤 PF 曲线,并指导实际生产。

(1)进气吸力系数相关 α 模型建立。

通过上述分析可知,分析 3 种方法得出的 VG 模型进气吸力相关系数 α 与容重和土壤含水率有关,根据实测的数据建立吸力相关系数 α 与红壤容重和滞留含水率的函数关系见式(3-27)。

$$\alpha = k\gamma^{\partial}\theta_r^{\beta} \tag{3-27}$$

式中,α 为 VG 模型中进气吸力相关系数;γ 为红壤容重,g/cm³;θ_r 为残余土壤含水率,cm/cm³;k、∂、β 均为模型系数。

式(3-27)中建立了进气吸力相关系数 α 与红壤容重和滞留含水率的函数关系,取对数后可表示为

$$\log\alpha = \log k + \partial\log\gamma + \beta\log\theta_r \tag{3-28}$$

对式(3-28)中的实测试验数据通过 MATLAB 软件进行多元回归分析,求解通过回归计算获得式(3-29)。

$$\alpha = 0.28\gamma^{1.38}\theta_r^{0.45} \tag{3-29}$$

式(3-29)为进气吸力相关系数 α 与容重和滞留含水率相关的幂指数函数表达式,模型回归分析见表 3-5,回归系数 t 统计检验值见表 3-6。

表 3-5　回归分析

df	SS	MS	F	Significance F	R^2	SSE
2	23.595	11.797	76.76	1.4×10^{-7}	0.965	0.393

表 3-5 中 df 为自由度(变量个数),SS 为误差平方和,MS 为均方差,SSE 为标准差,Significance F 为显著性水平下的 $F_{0.0001}$ 临界值,其值越小越好,进气吸力相关系数 α 的 Significance $F = 1.4 \times 10^{-7}$ 远小于 $F_{0.05}(2,16) = 3.68$,这说明回归模型置信度较高。F 为线形相关性的判定,R^2 为确定系数,其值越大越好,说明式(3-27)假设合理。

表 3-6　回归系数 t 统计检验值

参数	γ	θ_r
t_{Stat}	15.3687	10.3262

表 3-6 中各参数显著性检验 $|t_{\text{Stat}}| > t_{0.05/2} = 1.855$,说明各参数 t 检验显著。参照显著性检验的结果 $|\gamma| > |\theta_r|$,说明该多元回归方程中容重对时间 α 的影响大于滞留含水率。

(2)形状系数 n 相关的模型建立。

假设形状系数 n 与容重和滞留含水率符合下式关系:

$$n = k\gamma^{\partial}\theta_r^{\beta} \tag{3-30}$$

式中,n 为形状系数;k、∂、β 均为模型回归系数。

对 5 组试验数据进行多元回归分析,通过回归计算,获得形状系数 n 表达式:

$$n = 2.23\gamma^{0.65}\theta_r^{-3.28} \tag{3-31}$$

模型回归分析见表 3-7,回归系数 t 统计检验值见表 3-5。

表 3-7　模型回归分析

df	SS	MS	F	Significance F	R^2	SSE
2	15.663	3.265	135.258	1.358×10^{-16}	0.957	0.768

表 3-7 中 n 的 Significance $F(1.358 \times 10^{-16})$ 远小于 $F_{0.005}(2,25) = 5.99$,说明回归模型置信度较高。线形相关性的判定 F,拟合优度 R^2 较大,误差平方和 SS,均方差 MS,标准差 SSE 等较小,这说明式(3-30)假设合理。

表 3-8 中各参数显著性检验 $|t\ \text{Stat}| > t_{0.05/2} = 1.255$,说明各参数 t 检验显著。由

$\theta_r < 0$ 可知,滞留含水率与形状系数成负相关性;参数显著性检验 γ 大于 θ_r,说明容重对形状系数的影响大于滞留含水率的影响。

表 3-8　回归系数 t 统计检验值

参数	K	γ	θ_r
t Stat	6.63	33.95	−21.66

3.3.3　土壤水力学参数

土壤水分特性的 VG 模型参数,结合不同容重的水分特征曲线以及饱和导水率试验结果,通过 3.2.2 节部分中的回归方程计算得到 5 个不同容重的参数见表 3-9。

表 3-9　不同红壤容重 VG 模型参数

容重 （ g/cm^3 ）	残余土壤 含水率 θ_r	饱和土壤 含水率 θ_s	进气吸力 相关参数 α （1/cm）	形状系数 n	土壤饱和 导水率 K_s （cm/min）	$D(\theta)$ （ cm^2/min ）	
						水平	垂直
1.20	0.052	0.481	0.039	1.189	0.012 78	7.493	5.885
1.25	0.058	0.476	0.031	1.260	0.009 61	6.221	3.777
1.30	0.065	0.436	0.027	1.336	0.007 33	3.262	1.998
1.35	0.071	0.421	0.023	1.355	0.005 96	1.518	0.627
1.40	0.075	0.409	0.021	1.381	0.005 11	0.801	0.777

3.3.4　溶质运移参数

模拟中溶质运移采用标准的一阶动力学线性吸附模型,即吸附浓度随时间变化,本次模拟 HYDRUS – 1D 软件里时间权重方案从解的精度方面考虑使用隐式,空间权重方案采用伽辽金有限元法,溶质单位为 mg/L,模拟中浓度脉冲持续时间设定为 1 200 min,平衡吸附为完全物理吸附且均发生在可动区,吸附模型选择为弗洛伊德吸附模型,$NO_3^- – N$ 运移模拟浓度脉冲持续时间设定为 1 200 min。试验过程要在 15 h 内结束,取样测定溶质浓度,所以不考虑硝化反硝化作用。水动力弥散系数的测定采用不同容重条件下的水平/垂直土柱法测定非饱和土壤水动力弥散系数 $D_{sh}(\theta)$,试验过程及数据采用不同容重下 Cl^- 的水平入渗试验。

定解问题可表示为

$$\frac{\partial(\theta c)}{\partial t} = \frac{\partial}{\partial x}\Big[D_{sh}(\theta,v)\frac{\partial c}{\partial x} \Big] - \frac{\partial qc}{\partial x} \tag{3-32}$$

$$\left.\begin{array}{l} c = c_0 \quad (t = 0) \\ c = c_i \, x = 0 \quad (t > 0) \\ c = c_0 \, x \rightarrow \infty \quad (t > 0) \end{array}\right\} \tag{3-33}$$

式中,q 为达西流速;c 为土壤溶液浓度;c_0 为土壤溶液初始浓度;c_i 为入渗浓度。

由质量守恒定律得

$$\frac{\partial \theta}{\partial t} = -\frac{\partial q}{\partial c} \tag{3-34}$$

可将式(3-32)改写为

$$\theta \frac{\partial c}{\partial t} = \left[D_{sh} \frac{\partial c}{\partial x} \right] - q \frac{\partial c}{\partial x} = \frac{\partial}{\partial x} \left[D_{sh} \frac{\partial c}{\partial x} \right] + D(\theta) \frac{\partial c}{\partial x} \frac{\partial \theta}{\partial x} \tag{3-35}$$

令 $\lambda = xt^{-1/2}$,对式(3-35)进行 Boltzmann 变换,得

$$\frac{d}{d\lambda} \left(D_{sh} \frac{dc}{d\lambda} \right) = -\left[\frac{1}{2} \lambda \theta + D(\theta) \frac{d\theta}{d\lambda} \right] \frac{dc}{d\lambda} \tag{3-36}$$

代入式(3-36)得

$$\frac{d}{d\lambda} \left(D_{sh} \frac{dc}{d\lambda} \right) = -\frac{1}{2} \left(\lambda \theta - \frac{1}{2} \right) \int_{\theta_0}^{\theta} \lambda \, d\theta \frac{dc}{d\lambda} \tag{3-37}$$

对式(3-37)两边 λ 进行 $\infty \to \lambda$ 积分得

$$D_{sh}(\theta) = -\frac{1}{2} \frac{d\lambda}{dc} \int_{c_0}^{c} \left(\lambda \theta - \frac{1}{2} \int_{\theta_0}^{\theta} \lambda \, d\theta \right) dc \tag{3-38}$$

在半无限土柱进行入渗试验,试验中测出土柱含水率分布及土柱的溶液浓度分布,绘出 $c \sim \lambda$ 关系曲线,即可计算出非饱和土壤水动力弥散系数 $D_{sh}(\theta)$。对非饱和土壤水弥散系数 $D_{sh}(\theta)$ 与容重 γ 和含水率 θ 采用指数关系,即

$$D_{sh}(\theta) = a\gamma e^{\beta\theta} \tag{3-39}$$

结合水平土柱不同容重下的 Cl⁻ 入渗试验数据采用 MATLAB 软件进行拟合,得参数及相关系数见表3-10。

不同红壤容重水动力弥散系数见表3-11。

表3-10　水动力弥散系数拟合参数及相关系数

容重(g/cm³)	α	β	R^2
1.20	15.367	56.378	0.968 7
1.25	14.658	55.237	0.958 1
1.30	13.987	53.012	0.956 8
1.35	13.026	51.235	0.950 1
1.40	12.257	50.008	0.950 1

表3-11　不同红壤容重水动力弥散系数

容重 (g/cm³)	溶质水动力弥散系数(cm³/cm³)		Frac	等温吸附系数 k_d(cm³/m)	边界条件浓度 c
	垂直	水平			
1.20	0.036 1	0.057 8	0.039	1.189	0.012 78
1.25	0.038 5	0.061 1	0.031	1.260	0.009 61
1.30	0.043 3	0.068 2	0.027	1.336	0.007 33
1.35	0.052 5	0.073 2	0.023	1.355	0.005 96
1.40	0.065 7	0.082 2	0.021	1.381	0.005 11

3.3.5　初始条件和边界条件

采用 HYDRUS - 1D 软件中的水分运移、溶质迁移这两大模块,在建模过程中做了简化,认为土柱内土壤容重各向同性,不考虑土壤中的水汽运动,只考虑土壤水的运移;忽略稳定如水分溶质运移的影响。模型求解区域以实际土柱尺寸为基础建立几何模型,HYDRUS 不能描述移动的水分边界,但可以模拟边界条件随时间变化的过程,因此在试验过程中测定水头高度。垂直入渗水头高度为 5 cm,试验过程中无表面蒸发,则水分运动的上边界条件可以表示为

$$\left.\begin{array}{l} h = 5, \quad 0 \leqslant x \leqslant X, 0 \leqslant t \\ -K(h) = 0, \quad R_\mathrm{s} < r < R, Z = z, 0 \leqslant t \end{array}\right\} \tag{3-40}$$

本次模拟输入边界条件中的水头随时间的变化个数为 4,按照变化时间,在各段时间上输入相应的水头值。

由于滴头周围有积水产生,因此溶质运移的上边界条件采用一类边界条件:

$$C(x,0) = C_\mathrm{a} \quad x = X, 0 < t \tag{3-41}$$

式中,C_a 为肥料溶液的 $NO_3^- - N$ 浓度,mg/L。

下边界为自由排水边界:

$$\left.\begin{array}{l} \dfrac{\partial h}{\partial x} = 0, 0 \leqslant x \leqslant X, 0 < t \\[2mm] \theta D_\mathrm{sh} \dfrac{\partial c}{\partial x} = 0, 0 \leqslant x \leqslant X, 0 < t \end{array}\right\} \tag{3-42}$$

初始条件假定土壤初始含水率和硝态氮浓度在研究区域内分布均匀,初始条件可表示为

$$\left.\begin{array}{l} \theta(x,0) = \theta_0, \quad 0 \leqslant x \leqslant X, t = 0 \\ C(x,0) = C_0, \quad 0 \leqslant x \leqslant X, t = 0 \end{array}\right\} \tag{3-43}$$

式中,θ_0 为土壤初始含水率,cm/cm^3;C_0 为土壤初始 Cl^-、$NO_3^- - N$ 浓度,mg/L。

3.3.6　模拟分析

3.3.6.1　容重变化影响下含水率的模拟与实测值对比

容重变化对土壤含水率的分布影响模拟与实测值的对比分析,只针对与试验结束后的土柱内含水率的分布来进行模拟,其对比图见图 3-14。由图 3-14 中可见,HYDRUS 软件模拟的含水率在土柱中的分布与试验结果无明显差异,无论是垂直状态还是水平状态,均与实测结果有相同的变化规律。实测值与模拟值的平均相对误差在 8% 以内,垂直入渗模拟值与实测值的的差异比较显著,容重为 1.30 ~ 1.40 g/cm^3 时局部观测点的实测值与模拟值有较大的差异,差异最大处达到 10%。分析认为垂直入渗土柱中的红壤模拟情形为各向同性,在试验过程中由于某层土壤装填不均匀或者出现局部塌陷等情况,而水分在土壤中的孔隙中在重力势作用下移动,高容重容易造成部分土体孔隙分布不均;另外用 TDR 探头测量的含水率,如果探头附近容重不均匀会造成含水率测定的误差。而模拟值认为土壤的环境是理想状态下的,所以模拟曲线光滑,在实际生产中需要注意到高容重区域模拟与实测值之间的差异。

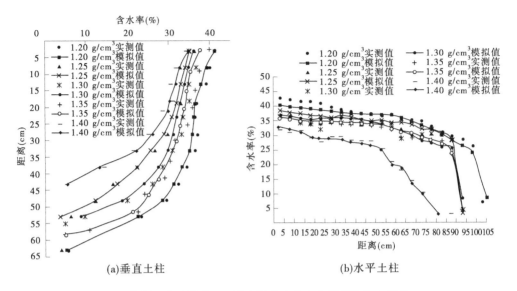

图 3-14 容重影响下一维土柱含水率变化模拟值与实测值

对于 HYDRUS 模型的精度利用 Nash – Suttliffe 模拟效率系数（NSE）来评价模型适用性，表达式如下：

$$NSE = 1 - \frac{\sum\limits_{i=1}^{n} (Q_o - Q_n)^2}{\sum\limits_{i=1}^{n} (Q_o - Q_{avg})^2} \tag{3-44}$$

式中，Q_o 为观测值；Q_n 为模拟值；Q_{avg} 为观测值的总平均。

NSE 取值为 $[-\infty \sim 1]$，NSE 接近 1，表明模型可信度高；NSE 接近 0，表示模拟值接近于实测值的平均值水平，即总体结果可信，但过程模拟误差大；NSE 为负值时，则模型是不可信的。

HYDRUS 模型模拟效率系数如表 3-12 所示，从表中可见，模拟效率系数在 0.90 以上，并与实际情况相同，垂直状态容重越高，模拟效果越差，说明 HYDRUS 模型能够对红壤水分的水平和垂直运移进行很好的模拟，可信度高，可以用于红壤水分水平垂直运移的模拟。

表 3-12 模型水分溶质效率系数

容重	NSE						
	HYDRUS				MATLAB		
（g/cm³）	水分		溶质		水分	溶质	
	垂直	水平	垂直	水平	含水率	Cl^-	$NO_3^- - N$
1.20	0.95	0.96	0.96	0.95	0.90	0.83	0.83
1.25	0.95	0.95	0.93	0.95	0.83	0.75	0.75
1.30	0.93	0.93	0.92	0.89	0.78	0.73	0.71
1.35	0.91	0.93	0.89	0.91	0.77	0.72	0.72
1.40	0.90	0.93	0.87	0.90	0.76	0.71	0.71

3.3.6.2　容重影响溶质分布的模拟与实测值

图 3-15 和图 3-16 为试验结束后 Cl^- 与 $NO_3^- - N$ 在土壤剖面上分布的实测和模拟结果对比,由图可见模拟结果很好地对应了实测结果,与实测值有同样的分布规律,即随着

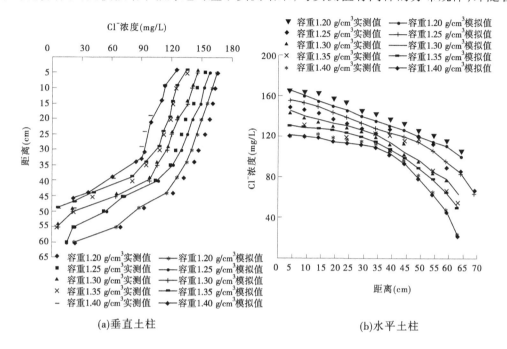

(a)垂直土柱　　　　　　　　　　　　　　(b)水平土柱

图 3-15　容重影响下一维土柱 Cl^- 变化模拟与实测值

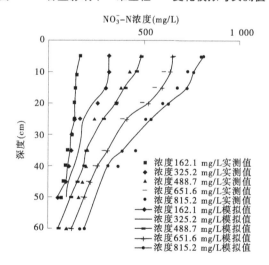

图 3-16　浓度影响下一维土柱 $NO_3^- - N$ 变化模拟与实测值

入渗深度和距离的增加,溶质含量减少,5 个不同容重均具有相同的规律。模拟值与实测值的平均相对误差在 10% 以内,相比于实测值变化过程中会出现突变的情况,而模拟值则比较平滑;这种原因是溶质是通过取样测定的,在取样过程中会出现操作的误差,所以引起测量值的突变。用上述公式进行模型效率评价,结果表明模型效率系数均在 0.85 以

上,模型能够很好地对红壤中的非吸附性离子的运移分布进行模拟。也说明对于 HYDRUS 模型,结合红壤所选用和测定的水分溶质运移参数是合理的,能够很好地反映出红壤的实际特性,这些参数可以用于不同容重、不同方向的水分溶质运移的模拟工作中。

3.4 MATLAB 数值模拟

借助于 MATLAB 软件极其简单的语言表达形式和强大的计算功能来实现快速而准确地解决红壤中水分溶质运移模拟问题。结合土壤水分溶质运移 Richard 和对流 - 弥散方程,对一维情况下的入渗问题进行编程求解。自变量设定为水分溶质及相关参数,参数的确定参照本章所确定的值,程序中时间步长设定为 1,最大模拟时间为 1 200 min,距离步长为 1.25 cm,边界条件为各向同性的红壤,上边界不考虑蒸发,下边界为自由排水边界,初始条件自定。

3.4.1 MATLAB 软件对红壤水分溶质运移模拟结果分析

通过编程主要模拟一维垂直入渗情况下不同红壤容重水分、Cl^- 及 $NO_3^- - N$ 试验结束后在土柱剖面上的分布状况,并与实测值进行对比分析,如图 3-17 所示。由图 3-17 可见,模拟值与实测值对比,分析认为模拟结果能够反映出试验结束后含水率、Cl^- 以及 $NO_3^- - N$ 在土柱内的分布,与实测规律相似。模拟值与实测值的含水率平均相对误差为 12.5%,溶质的达到 18.6%,表明模型在模拟精度方面存在较大的误差。结合表 3-12 中效率系数分析可知,水分 NSE 值均在 0.75 以上,溶质 NSE 值在 0.7 以上;容重越大,水分和溶质 NSE 值越小,说明该程序对高容重的红壤水分溶质模拟准确性不高。

3.4.2 两种软件对水分溶质模拟实用性分析

通过应用 HYDRUS 和 MATLAB 软件编程对一维红壤水分和非吸附性溶质在试验结束后土柱内的分布状况进行了模拟,结果表明两种软件均能很好地模拟出水分溶质的分布变化规律。其中,HYDRUS 软件对水分的模拟 NSE 值在 0.9 以上,溶质 NSE 值在 0.85 以上,平均相对误差在 10% 以内;而 MATLAB 编程模拟值的 NSE 值最低达到 0.71,平均相对误差也高达 18.6%。HYDRUS 软件为商业化软件主要用于土壤水分溶质迁移的模拟等方面,是一个开发应用比较成熟的软件,在求解的精度方面优于其他同类软件;采用有限差分法模拟时,网格划分和迭代步长次数等均可以按照需要进行精确设置,其模拟过程中初始条件和边界条件以及其他因素考虑的比较完善,并与实际情况相符,基于此,其模拟结果准确性较好。而 MATLAB 编程在程序编写过程中其因素的考虑和各类条件的设置决定了模型的精度,不同的土壤特性、容重、溶质浓度等都会影响到模拟结果,而在编写程序语言时需要将这些因素考虑到,不然会影响到模拟结果。所以,MATLAB 软件编程受人为因素的影响较大,其模拟结果低于 HYDRUS 软件;综合上述因素,本书在进行数值模拟时选用 HYDRUS。

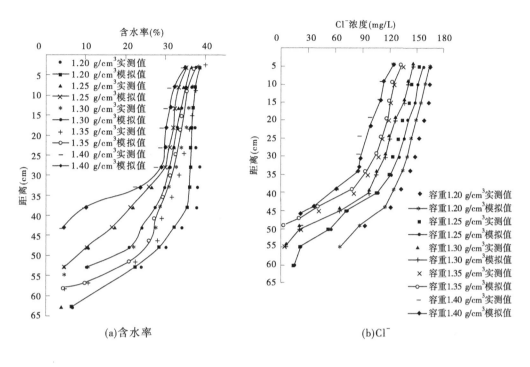

(a)含水率

(b)Cl⁻

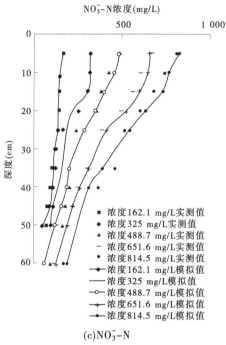

(c)NO₃⁻-N

图 3-17 MATLAB 对红壤水分溶质运移模拟值与实测值对比

3.5　本章小结

本章首先对一维水平和垂直状态下的 5 个不同红壤容重、水分、Cl^- 和 $NO_3^- - N$ 迁移过程进行了对比分析。并介绍了非饱和土壤水分溶质运移的基本方程,分别利用离心机法、压力膜法对 5 个不同容重的土壤水分特征曲线进行了测定,并应用 RTCE 软件模拟了土壤水分特征曲线,结合 3 种方法得到 PF 曲线,推求得到了相关的土壤水分特征参数,利用 MATLAB 软件建立了回归模型。应用 HYDRUS 和 MATLAB 编程进行了模拟,得到以下结论:

(1)一维水平/垂直水分溶质入渗试验结果表明,容重对红壤入渗特性有较强的影响,容重为 1.20 g/cm^3 时湿润锋的推移距离最大,而入渗率和累积入渗量也高于其他几个容重;高容重红壤阻碍水分的入渗。Cl^- 迁移过程表明,非吸附性离子在红壤中随水迁移,入渗结束 24 h 后 Cl^- 均受到了淋洗,并在土体内重新分布。溶液浓度对红壤水分溶质运移有较大的影响,浓度越大,红壤入渗能力越强,相应的土体内的水分和溶质含量增加。对比 Philip 模型和 Green - Ampt 模型对红壤入渗能力的模拟,表明 Green - Ampt 模型更适合于红壤入渗特性的模拟。

(2)3 种方法得到的 5 个不同容重的土壤水分特征曲线均表明,容重对土壤水分特征曲线有较大的影响,同一含水率条件下土壤水吸力排序为:1.40 g/cm^3 > 1.35 g/cm^3 > 1.30 g/cm^3 > 1.25 g/cm^3 > 1.20 g/cm^3。含水率为 0.25 cm/cm^3 是 PF 曲线变化的临界值,当红壤含水率高于这个值后,容重对 PF 曲线的变化影响减小。推求了 3 种方法下的土壤水分特征曲线相关参数,分别建立了容重和土壤滞留含水率与进气吸力 α 及形状系数 n 的回归方程,相关系数在 0.95 以上,得到的回归方程可以用于不同红壤容重土壤水分特征参数的推求。

(3)HYDRUS 和 MATLAB 软件对不同容重的水分溶质入渗模拟结果显示,两种软件均能很好地反映出水分和溶质在试验结束后的分布规律,HYDRUS 模型水分模拟平均相对误差在 8% 以内,MATLAB 软件编程达到 12.5%;溶质模拟的平均相对误差 HYDRUS 和 MATLAB 软件分别为 10% 和 18.6%。通过对模型的适应性评价表明 HYDRUS 软件的 NSE 系数在 0.85 以上,MATLAB 软件的在 0.7 以上,HYDRUS 对红壤水分溶质运移的模拟效果更好。

第 4 章　室内条件红壤滴灌水肥运移特性研究

以南方红壤丘陵地区脐橙滴灌为研究对象,通过室内试验研究分析不同因素影响下水肥一体化灌溉后水分溶质运移规律和湿润体交汇特性;并结合 HYDRUS 模型进行数值模拟,研究结果可为脐橙滴灌设计中技术参数的选取提供技术指导。

4.1　滴灌点源入渗特性

分析滴头流量为 2.1 mL/min,溶质浓度为 651.6 mg/L 时不同容重下的单点源滴灌湿润体形状及水分溶质运移特性。

4.1.1　点源入渗湿润锋变化规律研究

单点源在流量、溶质浓度相同的条件下其湿润体的形状和大小决定了土壤的湿润范围,根据《微灌工程技术规范》(GB/T 50485—2009)果树乔木等作物微灌的设计土壤湿润比为 25% ~40%。表明对于果树等作物灌溉过程中计划湿润层中 40% 以内土体需要得到湿润,且主要集中在根系附近,所以滴灌灌溉后湿润锋所能覆盖的区域关系到脐橙根系能否吸到足够的水分。图 4-1 为 5 个不同容重影响下在 420 min 内单点源滴灌入渗湿润锋的变化,从图中可见湿润锋的推移距离和湿润体的范围受红壤容重的影响较大,表现为容重越大,湿润锋推移范围越小,容重为 1.20 g/cm³ 时湿润锋推移距离最大,相应的湿润体也最大。在设定的灌溉时间内湿润锋在土体内形成半椭圆状球体;湿润锋水平运移距离大于垂直距离,球体呈现略扁平状。通过第三章分析可知水分在垂直方向的入渗是基质势和重力势共同的作用,水平方向上则为基质势作用。对于沙性土壤而言,其垂直湿润锋的推移速度快于水平方向;对于红壤而言,黏粒较多,土体内孔隙相应较少,容重越大,孔隙率越低。在滴灌开始后水分不能及时入渗,则在滴头下方形成一个积水区域,滴灌时间越久积水区域越大。在滴头下方地势平整的情况下,水分沿着滴头向四周扩散,从而引起周围土壤被浸润的现象,造成水平湿润锋推移速度快于垂直湿润锋;在相同因素影响下,容重越高,这种现象越明显。也表明高容重的红壤有阻水现象,相同灌溉条件下水分溶质在高容重红壤内的分布范围较小,影响作物的吸水生长,需要进行疏松工作。

4.1.2　点源入渗湿润体形状

经分析,不同红壤容重影响下的点源入渗湿润体呈半椭球体,如图 4-2 所示。椭圆体的体积表示为

$$\frac{x^2}{A^2} + \frac{y^2}{B^2} + \frac{z^2}{C^2} = 1 \tag{4-1}$$

若

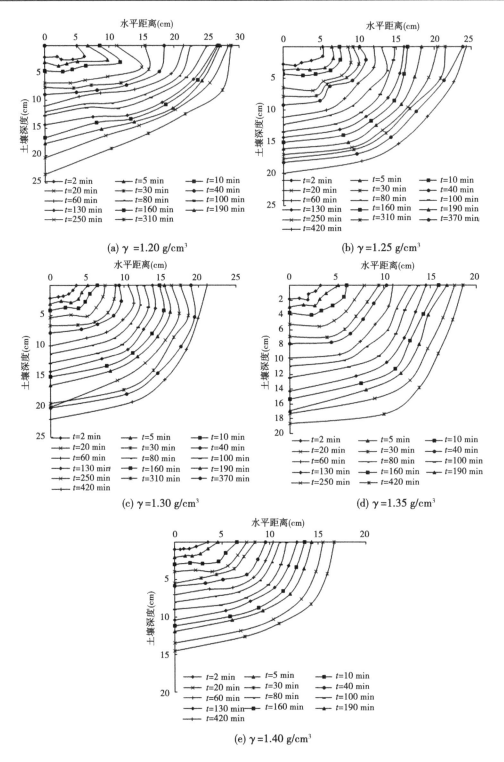

图 4-1　不同容重影响下单点源入渗湿润锋随时间变化

$$f(x,y,z) = \frac{x^2}{A^2} + \frac{y^2}{B^2} + \frac{z^2}{C^2} \tag{4-2}$$

即椭球体的体积可表示为

$$V = \iiint f(x,y,z)\,\mathrm{d}x\mathrm{d}y\mathrm{d}z \tag{4-3}$$

选取球坐标,假定

$$X = r\sin\theta\sin t$$
$$Y = r\sin\theta\cos t$$
$$Z = r\cos\theta$$

其中,$r \in [0,1]$,$t \in [0,2\pi]$,$\theta \in [0,\pi]$
则
$$\mathrm{d}X\mathrm{d}Y\mathrm{d}Z = r^2\sin\theta\mathrm{d}r\mathrm{d}\theta\mathrm{d}t$$

$$V = ABC\iiint\limits_{\Omega}(X^2 + Y^2 + Z^2)\,\mathrm{d}X\mathrm{d}Y\mathrm{d}Z = \iiint\limits_{\Omega}r^2\sin\theta\mathrm{d}r\mathrm{d}\theta\mathrm{d}t$$
$$= ABC\int_0^{2\pi}\mathrm{d}t\int_0^{\pi}\sin\theta\mathrm{d}\theta\int_0^1 r^2\mathrm{d}t = \frac{4\pi}{3}ABC \tag{4-4}$$

对于单点源入渗后的椭球体为 1/2 的椭球体,则入渗后的体积可表示为

$$V_{点} = \frac{2\pi}{3}ABC \tag{4-5}$$

式中,A、B、C 为入渗结束后椭球体轴向距离,cm;x、y、z 为任意时刻湿润锋在坐标轴上的位置。

分析认为入渗结束后椭球体轴向距离 A、B、C 的大小均与容重和时间相关,分别建立容重和时间之间的函数关系如下:

$$\left.\begin{array}{l} A = \alpha\gamma t^{\beta} \\ B = \kappa\gamma t^{c} \\ C = \varphi\gamma t^{d} \end{array}\right\} \tag{4-6}$$

结合不同容重下湿润锋随时间变化的实测值对式(4-6)进行拟合,采用 MATLAB 软件做回归分析得到各参数的拟合值与相关系数如式(4-7)所示,三个轴坐标上的湿润体距离与容重以及滴灌时间的相关性均在 0.95 以上,则单点源灌溉后的湿润体体积可用式(4-8)来描述。

$$\begin{cases} A = 2.365\,6\gamma t^{21.335\,6} & R^2 = 0.953\,6 \\ B = 2.358\,7\gamma t^{19.653\,1} & R^2 = 0.963\,1 \\ C = 3.810\,2\gamma t^{20.225\,1} & R^2 = 0.955\,7 \end{cases} \tag{4-7}$$

代入式(4-5)中,则

$$V_{点} = 44.504\,1\gamma^3 t^{61.213\,8} \tag{4-8}$$

4.2　多因素影响下土壤湿润锋推移规律研究

红壤丘陵地区脐橙滴灌过程是通过铺设在种植区域上的毛管输水,在每个作物根系

附近接滴灌带形成环状结构,滴灌带上的多滴头在作物根系附近形成湿润带灌溉作物。滴灌过程中各滴头形成的湿润体是否会连接成湿润带、湿润带的范围和水分与肥料含量均是影响作物吸水的主要因素。基于此研究不同滴头间距、流量条件下多点源滴灌交汇入渗情况以及水分溶质分布规律,为脐橙滴灌的设计提供参考。红壤湿润体形状见图4-2。

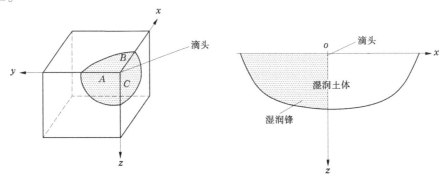

图 4-2　红壤湿润体形状

4.2.1　间距变化对交汇入渗湿润锋推移的影响

按照设计的 5 个间距(20 cm、30 cm、40 cm、50 cm、60 cm)、流量为 2.1 mL/min、NO_3^- – N浓度为651.6 mg/L进行双点源的交汇入渗试验,不同间距下湿润锋的变化及交汇过程如图4-3所示。由图4-3可见,不同间距影响下滴灌交汇入渗的湿润锋推移及交汇过程随时间的变化而变化。间距越小,交汇时间越短,滴灌入渗开始后发生交汇的 4 个不同间距交汇时间分别为 160 min、190 min、370 min、520 min,间距为 20 cm 时的交汇时间最短。滴头间距为 60 cm 时,在设定的入渗时间内没有发生交汇,入渗持续 10 h 后仍未发生交汇,结束试验。多点源滴灌时湿润锋运移后形成湿润体,交汇后单个湿润体交汇在一起形成湿润带,环绕在脐橙根系周围,满足作物根系吸水要求。对于间距为 60 cm 的试验,在入渗后没有发生交汇,说明各滴头下方的湿润体是独立的,它们之间没有相互联系。对于脐橙而言其根系周围就会形成间断的湿润带,部分区域没有得到有效的水肥,会造成部分区根系吸收不到足够的水肥来支撑其生长,所以间距滴头间距为 60 cm 不适合于红壤脐橙滴灌。

其他间距的试验在交汇之前湿润锋的推移情况相似,交汇发生后改变了入渗过程。多点源滴灌的目的在于形成湿润带,而发生交汇所需的时间越长,则滴灌时间也就越久。赣南地区脐橙大多种植在丘陵地区,滴灌均属于提水灌溉,需要耗费能源,长时间的滴灌增加能源消耗,造成成本上升,增加农民负担,由图可见间距为 50 cm 的滴头交汇时间较长,不易形成湿润带,增加灌溉成本。

4.2.2　流量变化对交汇入渗湿润锋推移的影响

其他因素相同条件下,间距的变化对湿润锋的影响主要体现在湿润体交汇时间不同。相同间距时,不同的流量对湿润锋的变化及交汇如图4-4～图4-8所示。由图可见,间距

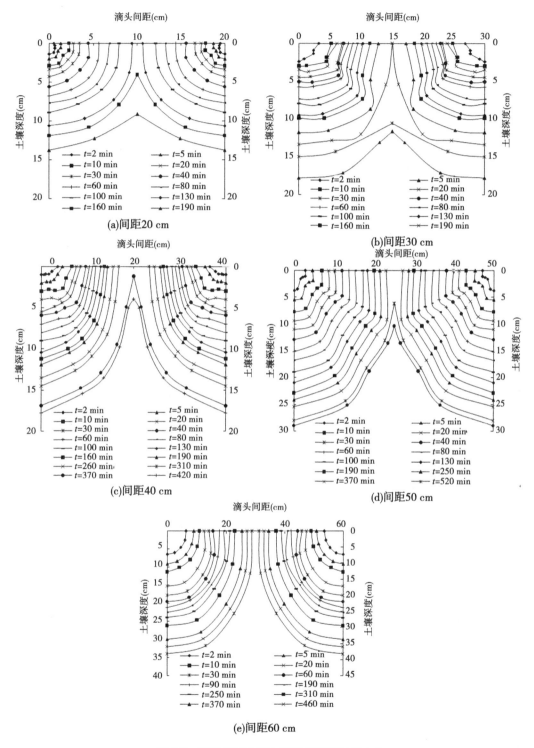

图 4-3　不同间距交汇入渗湿润锋随时间变化

相同时 3 个不同流量试验湿润锋的变化及交汇时间受流量变化的影响较大。总体趋势表现为流量越大,湿润锋推进的速度越快,交汇的时间也越短;但是对于间距为 60 cm 的设计,流量为8.4 mL/min时仍没有发生交汇,表明红壤滴灌间距较大时不容易形成湿润带,对于果树类作物不适合。

由图4-4可见间距为20 cm时不同流量的交汇时间为160 min、100 min、80 min,结合第三章研究结果表明,入渗过程是经过初始入渗后进入到稳定入渗阶段。而稳定入渗率远低于初始入渗率,此时土壤的入渗能力减弱,滴头下方积水严重并形成了积水区域漫延的现象。间距为20 cm试验后期积水充满整个土箱表层,流量为8.4 mL/min试验开始不久就出现交汇以及滴头下方积水现象,随着试验的进行,积水范围扩展,水布满土箱表层,试验停止。间距为20 cm时湿润体交汇时间较短,交汇面处形成一个零通量面,两个滴头滴灌的水分溶质在交汇面处受到限制而不能向水平方向扩散,只能发生垂直入渗,在入渗能力下降的时候从滴头处流出的水分就累积在滴头下方,如果地势平坦的情况下会发生径流,滴灌变为漫灌造成水肥流失。脐橙滴灌属于补充性灌溉,江西赣南地区在6~9月会出现季节性干旱,地表水肥的累积不仅不能入渗到土壤内,还会造成大量的株间蒸发水分浪费。所以,间距为20 cm时,从湿润体形成可见不适合于脐橙滴灌。

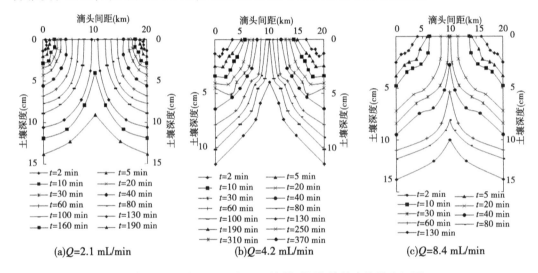

图4-4 间距为20 cm时,不同流量对湿润锋的变化及交汇图

图4-5为滴头间距为30 cm的试验,流量为8.4 mL/min时的交汇时间为60 min,后期随着入渗率达到稳定状态渗入土壤的水分减少,在滴头流量不变化的情况下水分积聚在地表形成径流。滴头流量为4.2 mL/min时,试验过程中滴头下方在交汇后出现积水,但是积水区域并未扩展,试验过程中维持稳定的范围。滴头流量为2.1 mL/min时,入渗过程中虽然没有发生严重的积水现象,但是交汇之后湿润锋向下推移的速度较慢,在入渗370 min时垂直湿润锋最大推进距离为15 cm湿润锋推进较慢,该流量下滴灌费时又消耗能源,不适合于脐橙滴灌。

图4-6中滴头间距为40 cm时、流量为8.4 mL/min时的交汇时间早于其他两个流量,交汇后湿润锋继续向下推移,在后期湿润锋近似水平。同样受到高红壤容重的影响,后期入渗速率减缓,出现严重积水现象。4.2 mL/min时,积水区域未见明显扩展,在第420 min湿润锋的距离与流量为8.4 mL/min的最大推进距离相同。

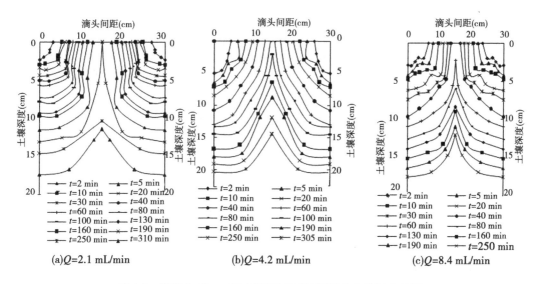

图 4-5　间距为 30 cm 时,不同流量对湿润锋的变化及交汇图

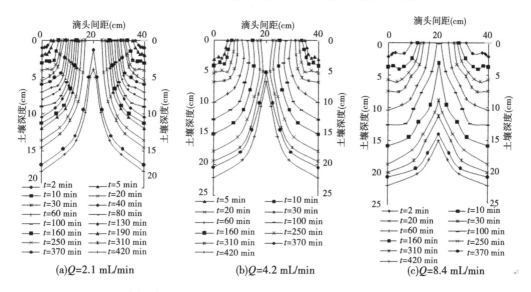

图 4-6　间距为 40 cm 时,不同流量对湿润锋的变化及交汇图

图 4-7 中间距为 50 cm 时 3 个流量下的交汇时间较长,不适合于滴灌湿润带的形成,流量为 8.4 mL/min 交汇后交汇面处的湿润锋推移较慢,形成的湿润带呈现凹凸状,不利于作物根系吸水。

分析图 4-3 ~ 图 4-8 间距及流量对湿润锋及交汇后湿润锋的推移影响,认为滴头间距和流量对湿润锋的推移和交汇有较大的影响,进行多元回归分析,假定其函数关系为

$$T_{交} = \beta_1 + \beta_2 \times L + \beta_3 \times Q \tag{4-9}$$

式中,$T_{交}$ 为湿润锋交汇时间,min;L 为滴头间距,cm;Q 为滴头流量,mL/min;β_1、β_2、β_3 为模型系数。

对式(4-9)中的实测试验数据通过 MATLAB 软件进行多元回归分析,并将样本值代

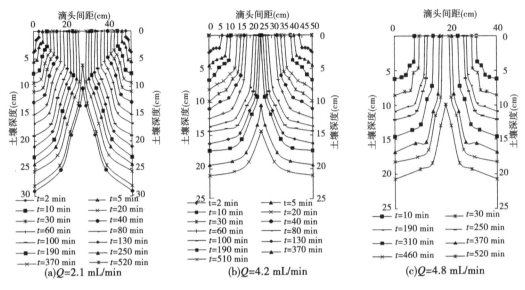

图 4-7　间距为 50 cm 时,不同流量对湿润锋的变化及交汇图

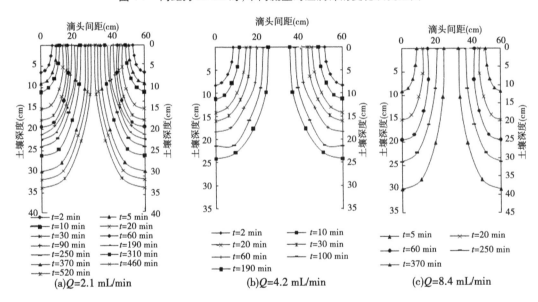

图 4-8　间距为 60 cm 时,不同流量对湿润锋的变化及交汇图

入计算,获得式(4-10)为交汇时间和间距流量的函数。

$$T_{交} = 3.235 + 5.621 \times L + 2.217 \times Q \tag{4-10}$$

式(4-9)为湿润锋交汇时间的表达式,模型回归分析见表 4-1。

表 4-1　模型回归分析

df	SS	MS	F	Significance F	R^2	SSE
2	21.981	16.557	85.257	1.21×10^{-5}	0.975 6	0.213 4

表 4-1 中 df 为自由度(变量个数),SS 为误差平方和,MS 为均方差,SSE 为标准差,

Significance F 为显著性水平下的 $F_{0.0001}$ 临界值,其值越小越好,交汇时间 T 的 Significance $F = 1.21 \times 10^{-5}$ 远小于 $F_{0.05}(2,15) = 2.65$,这说明回归模型置信度较高。F 为线形相关性的判定,确定系数在 0.95 以上,说明式(4-9)假设合理。

4.2.3　间距和流量影响下点源水平及垂向湿润锋随时间的变化

滴灌后滴头下方形成积水区域,而水分溶质在基质势和重力势的作用下向水平方向和垂直方向推移。多点源入渗湿润锋变化如图 4-9 所示,不同间距流量影响下湿润锋的水平/垂直变化如图 4-10 所示,以中心点界面上(45°)湿润锋的变化为例,分析湿润锋的推移变化。由图 4-10 可见,在入渗初期水平和垂直湿润锋推移速度很快,在前 50 min 内表现的尤为明显,之后湿润锋变化趋于平缓,结合第三章水平/垂直试验结果以及其他学者研究成果分析,在入渗初期土壤的水平和垂直入渗能力很强,当积水区域附近达到饱和后,土壤孔隙被水分充满,导水能力降低,入渗能力下降,湿润锋推移速度放缓。

间距相同时流量对水平和垂直湿润锋影响较大,流量越大时水平和垂直湿润锋推移越远,间距越小时这种现象越明显。同条件下水平方向湿润锋推移距离大于垂直方向,流量为 8.4 mL/min 的最为明显,间距为 20 cm 和 30 cm 时流量为 8.4 mL/min 的水平湿润锋远大于其他流量下的湿润锋,在这个流量下小间距的滴头设计滴出的水分不能完全入渗到土体内在土壤表层累积,随着积水区域的扩展饱和含水区在滴头周围延伸,加快了水平湿润锋的推进。在图 4-10 中,间距流量影响下的水平和垂直湿润锋推移规律为:流量越大间距越小,湿润锋的推移距离越远且水平方向大于垂直方向,所以在实际生产中不能依据地表湿润锋的推移来衡量垂直方向湿润锋距离以及湿润体的大小。

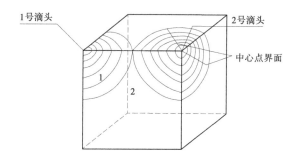

图 4-9　多点源入渗湿润锋变化示意图

4.3　多因素影响下滴灌土壤水分溶质运移规律分析

滴灌后在红壤中形成湿润体,多点源滴灌湿润体相互交汇形成湿润带。其湿润带内不同位置处土壤含水率以及溶质含量等决定着计划湿润层内的有效水肥含量。

4.3.1　多因素影响下滴灌土壤水分运移分布规律

不同间距流量试验结束后,滴头下方表面湿润范围为参照点,分别在 0°、45°、90° 处按照水平间距 5 cm,垂直间距 5 cm 通过预先埋设的 TDR 探头测定该处土壤含水率,不同位

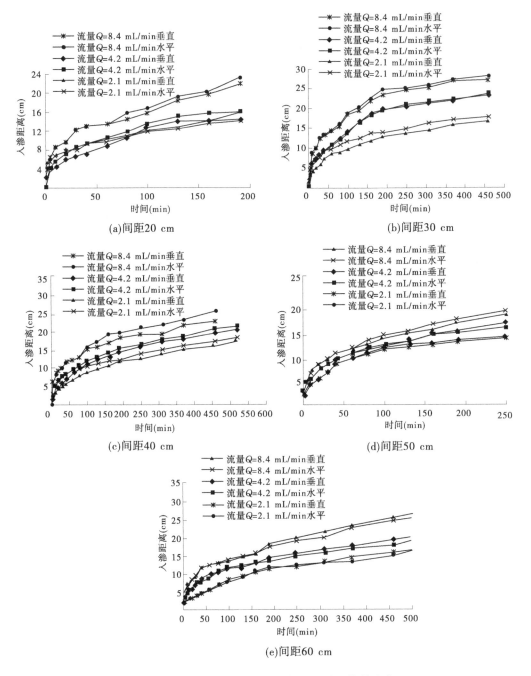

图 4-10　不同间距流量影响下水平/垂直湿润锋变化

置处含水率的变化如图 4-11 ～ 图 4-15 所示。由图中可见,灌溉结束后湿润体内水分含量的分布总体趋势是随着入渗深度的增加,含水率出现减少的趋势,距滴头距离越远,含水率越低,间距越小,含水率越大。

　　由图 4-11 可见,间距为 20 cm、流量为 2.1 mL/min 时,在距离滴头 5 cm 处和 10 cm

处的剖面含水率差异不大,而其他两个流量试验结束后同一剖面上土壤含水率降低的很快,流量为 8.4 mL/min 的最明显。分析认为低滴头流量湿润锋交汇的时间较长,滴头下方积水区域较小,有一个稳定入渗的过程。流量较大时在间距为 20 cm 时很容易出现严重的地表积水现象,随着积水区域的扩散,表层土壤被湿润,而入渗到土体内部的水分相应的就减少。流量为 8.4 mL/min 时,土壤表层 5 cm 内的含水率高于其他两个流量该位置处的含水率,且接近于饱和状态,这是水分的扩散造成其地表含水率较高的原因,也再次证明该间距时水分容易产生地表径流,土壤剖面上的含水率较低不适合于脐橙滴灌。

由图 4-12 可见,滴头间距为 30 cm 时,在某一剖面上的含水率随着深度的增加而减少,至湿润锋处降到最低,地表处距离滴头越远,该处剖面上的含水率相应越低。而流量越大时,距地表 10 cm 深度处的土壤含水率高于低流量的。

由图 4-13 可见,间距为 40 cm 时,不同流量影响下的剖面含水率出现递减的趋势,距离滴头越远,剖面上的含水率相应也越低,流量越大时同一剖面上的含水率递减趋势越明显。

由图 4-14 可见,间距为 50 cm 时,流量对湿润体内土壤含水率的影响较小,各剖面上的含水率变化没有其他间距明显,含水率在湿润锋处明显地降低。结合图 4-15 间距为 60 cm 的试验,这两个间距下不同剖面含水率的大小与流量关系较大,流量越大,在同一个剖面上含水率差异越不明显。分析认为在大间距下,即间距为 50 cm、60 cm 时,滴灌入渗在很长一段时间内只是单点源入渗,湿润体之间没有干扰,随着积水区域扩大到一定范围后趋于稳定,而水分的入渗也趋于稳定状态,流量较大时随着入渗时间的延长,渗入到土体内的水分增加使得各位置处的土壤含水率接近于饱和含水率,且距离滴头越近含水率越大。间距较小时,两个滴头下方的积水区域很容易汇聚在一起,发生地表径流,湿润更多的表层土壤,造成水肥流失。从湿润体水分分布规律发现,小间距、大流量不适合于土壤湿润体内含水率的增加。

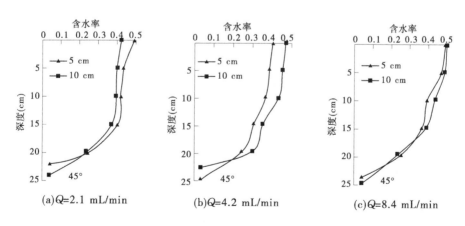

图 4-11　间距 20 cm 时含水率的变化

4.3.2　多因素影响下滴灌土壤溶质运移分布规律

肥料中的硝态氮($NO_3^- - N$)用于农业种植中补充"氮"元素,是氧化态阴离子,不易

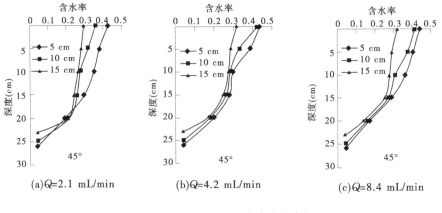

图 4-12　间距 30 cm 时含水率的变化

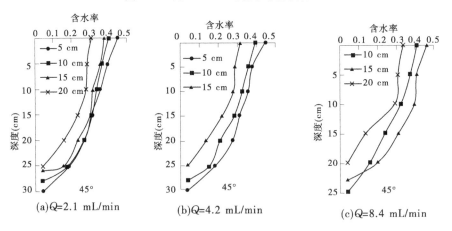

图 4-13　间距 40 cm 时含水率的变化

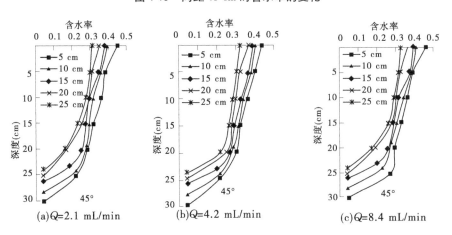

图 4-14　间距 50 cm 时含水率的变化

被土壤胶体吸附、移动快,容易被作物根系吸收,使作物生长加快,延长作物生长期和采收期。果实类作物如缺"氮"则果实发育不良,畸形果实较多。施肥过程中硝酸钾等肥料对

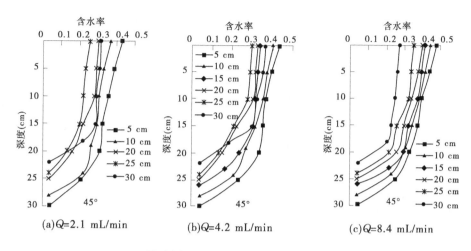

图 4-15　间距 60 cm 时含水率的变化

农作物的生长起到重要的作用,属于作物生长必须的三大元素。试验选取 $NO_3^- - N$ 作为代表性肥料,溶于水后研究其随水分在土壤中的迁移分布规律。

图 4-16 ~ 图 4-20 为不同间距流量滴灌试验后湿润体内 $NO_3^- - N$ 的分布图。总体而言,滴灌结束后湿润体内的 $NO_3^- - N$ 含量在同一位置剖面上随着深度的增加而递减。同一深度处随着距离滴头远近的不同,$NO_3^- - N$ 含量也不同,距离滴头越近,含量越高。在湿润锋交界处急剧下降,并达到初始值。

由图 4-16 可见,滴头间距为 20 cm 时水平距离滴头 5 cm 和 10 cm 处,深度 10 cm 的范围内 $NO_3^- - N$ 的含量变化不大,且流量对 $NO_3^- - N$ 含量的影响较小。该间距滴灌过程中出现了地表积水区域交汇和地表积水漫流的现象,土壤表层积水层造成不同点处的入渗水头和供给水量有相同的现象。由图 4-11 可知不同位置处的含水率差异较小,同样为点源入渗转化为积水入渗的原因引起的。$NO_3^- - N$ 随水迁移不被土壤颗粒吸附,所以在这种状态下不同位置处 $NO_3^- - N$ 含量也没有明显的区分。说明在不考虑水肥流失的条件下,小间距的滴头设计水分和溶质迁移是比较均匀的。

由图 4-17 可见,滴头间距为 30 cm 时流量对各点处 $NO_3^- - N$ 的含量有较大的影响,同一深度流量越大,不同距离处 $NO_3^- - N$ 含量相差越小。流量为 2.1 mL/min 时,以距离地表深度 10 cm 处为例,滴头水平间距 5 cm、10 cm、15 cm 的 $NO_3^- - N$ 含量分别为606.52 mg/L、552.86 mg/L 和 511.55 mg/L,且相差较大。而流量为 8.4 mL/min 时相同位置处的 $NO_3^- - N$ 含量差别仅在 15 mg/L 之内,表明该间距为 30 cm 高流量有助于溶质的均匀分布。结合滴头间距 20 cm 和 30 cm 时,流量对 $NO_3^- - N$ 含量影响的试验,可得大流量小间距时,地表积水区域的扩张让水分溶质运移变得均匀。

由图 4-18 ~ 图 4-20 可见,滴头间距为 40 cm、50 cm 和 60 cm 时,同一深度不同位置处的 $NO_3^- - N$ 含量受到流量影响变化较大,流量越大,地表 10 cm 范围内土壤 $NO_3^- - N$ 含量越高。在距滴头水平距离 10 cm、垂直距离 10 cm 处,流量为 8.4 mL/min 时,$NO_3^- - N$ 含量明显高于其他两个流量下的。而同一流量下距离滴头越远,含量越低,但是对于流量为8.4 mL/min、距离滴头 10 cm、距离地表 5 cm 的范围内含量差别不明显。分析原因为流量为 8.4 mL/min 时,滴头下方的积水区域较大,入渗为积水入渗或者为充分供水条件下的入渗。随着入渗到土壤中的水分增加,该处土壤胶体在 NO_3^- 离子的作用下所携带电荷被中和,颗粒更加团聚在一起使得土壤中的孔隙增加,纳水能力增强促使 NO_3^- – N 含量相应增加。在水平距离滴头较远的位置处,水分溶质运移是非充分供水状态下进行的,其水分和 NO_3^- – N 含量受到供水能力的限制,流量越小,供给水能力越低,影响了水肥溶质在各位置处的分布。间距为 60 cm 时湿润体之间不发生交汇,其水分溶质的扩散属于自由入渗,所以在入渗后同一剖面上不同深度处的 NO_3^- – N 含量减少较小。对于生产实际,需要综合分析滴灌供水能力和间距,以满足作物对水肥的需求量。

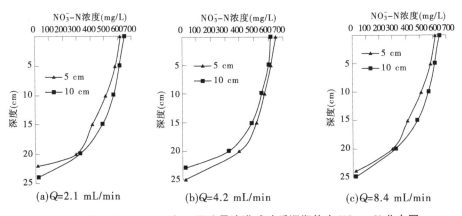

图 4-16　间距 20 cm 时,不同流量滴灌试验后湿润体内 NO_3^- – N 分布图

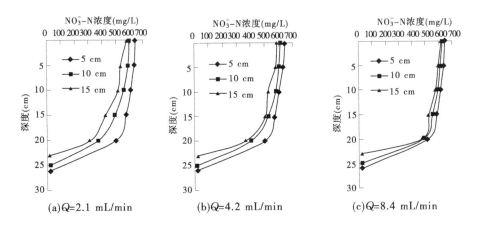

图 4-17　间距 30 cm 时,不同流量滴灌试验后湿润体内 NO_3^- – N 分布图

4.4　红壤滴灌水肥运移建模及模型参数确定

为更加深入地了解不同因素影响下红壤多点源滴灌水肥运移规律及湿润体分布,通过模型对其规律进行模拟。对于红壤多点源交汇入渗水分溶质运移的数值模拟借助商业化软件 HYDRUS – 3D 完成。

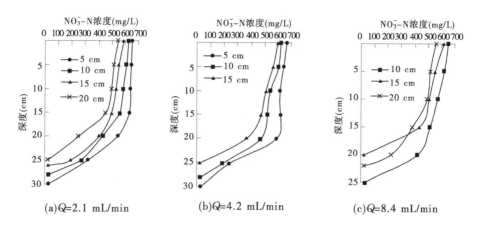

图 4-18　间距 40 cm 时,不同流量滴灌试验后湿润体内 NO_3^- - N 分布图

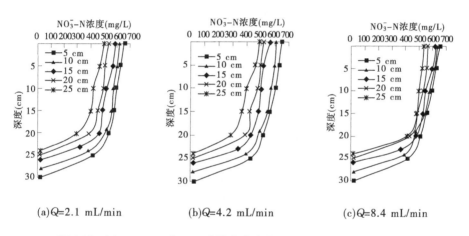

图 4-19　间距 50 cm 时,不同流量滴灌试验后湿润体内 NO_3^- - N 分布图

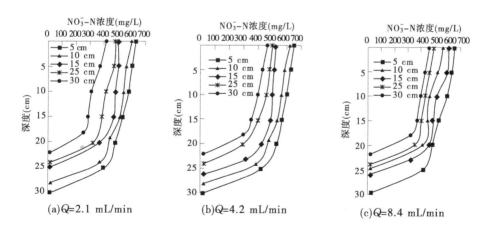

图 4-20　间距 60 cm 时,不同流量滴灌试验后湿润体内 NO_3^- - N 分布图

4.4.1　多点源交汇入渗水分溶质运移数学模型

4.4.1.1　多点源滴灌交汇入渗红壤水分溶质运动方程

1. 滴灌交汇入渗水分运动方程

多点源交汇入渗的水分运移为三维流动问题,对于该类问题,参照室内交汇试验设计,假定模拟的土壤各向同性、不考虑蒸发、具有相同的初始含水率,也不考虑滞后效应。则三维轴对称点源交汇入渗水分运移方程可用 Richard 方程表示为

$$\frac{\partial \theta}{\partial t} = \frac{\partial}{\partial x}\left(K_h \frac{\partial h}{\partial x}\right) + \frac{\partial}{\partial y}\left(K_h \frac{\partial h}{\partial y}\right) + \frac{\partial}{\partial z}\left(K_h \frac{\partial h}{\partial z}\right) - \frac{\partial K_h}{\partial z} \tag{4-11}$$

式中,θ 为红壤含水率,cm/cm^3;h 为负压水头,cm;x、y、z 为坐标(z 坐标向下为正),cm;t 为时间,min;K_h 为红壤非饱和导水率,cm/min。

HYDRUS-3D 软件模拟时需要的非饱和土壤水分特征曲线 θ_h、土壤导水率 $K(h)$ 采用 van Genuchten 模型表示,即式(4-12),并不考虑滞后效应,红壤 PF 曲线及相关参数的选取参照第三章的结论。

$$\theta_h = \theta_r + \frac{\theta_s - \theta_r}{[1 + |ah|^n]^m}(h < 0) \tag{4-12}$$

$$\theta_h = \theta_s \quad (h \geqslant 0) \tag{4-13}$$

$$K_h = K_s S_e^l [1 - (1 - S_e^{l/m})^m]^2 \tag{4-14}$$

其中
$$S_e = \frac{\theta - \theta_r}{\theta_s - \theta_r}, m = l - 1/n, n > 1 \tag{4-15}$$

式中,θ_s、θ_r 分别为土壤饱和含水率和滞留含水率,cm/cm^3;K_s 为土壤饱和导水率,cm/min;l 为孔隙连通性参数,本次模拟取值 0.5;a、n、m 为拟合经验参数。

2. 滴灌交汇入渗 $NO_3^- - N$ 迁移方程

$NO_3^- - N$ 随水分运移的基本方程用对流-弥散方程表示为

$$\frac{\partial \theta C}{\partial t} = \frac{\partial}{\partial r}\left(\theta D_{rr}\frac{\partial C}{\partial r} + \theta D_{rz}\frac{\partial C}{\partial z}\right) + \frac{1}{r}\left(\theta D_{rr}\frac{\partial C}{\partial r} + \theta D_{rz}\frac{\partial C}{\partial z}\right) +$$
$$\frac{\partial}{\partial z}\left(\theta D_{zz}\frac{\partial C}{\partial r} + \theta D_{rz}\frac{\partial C}{\partial z}\right) - \left(\frac{\partial q_r C}{\partial r} + \frac{q_r C}{r} + \frac{\partial q_z C}{\partial z}\right) + Q_1 \tag{4-16}$$

其中

$$\theta D_{zz} = D_L \frac{q_z^2}{|q|} + D_T \frac{q_z^2}{|q|} + \theta D_W \tau \tag{4-17}$$

$$\theta D_{zz} = D_L \frac{q_z^2}{|q|} + D_T \frac{q_z^2}{|q|} + \theta D_W \tau \tag{4-18}$$

$$\theta D_{rz} = (D_L - D_T)\frac{q_r q_z}{q} \tag{4-19}$$

式中,C 为土壤水中 $NO_3^- - N$ 的质量浓度,mg/L;q_r 为水平方向上的土壤水分通量,L/T;q_z 为垂向上的土壤水分通量,L/T;Q_1 为源汇项,$m/(L^3 \cdot T)$,主要指氮素各形态之间的转化作用(如硝化作用、反硝化作用以及矿化作用等)引起的溶质的量的变化,本研究入渗试

验历时较短,所以不考虑氮素转化作用,该项为 0;D_{rr}、D_{zz}、D_{rz} 为水动力弥散系数张量的分量;q 为土壤水通量的绝对值;D_L、D_T 分别为溶质的纵向和横向弥散度,L;D_W 为自由水中的分子扩散系数;τ 为溶质的弯曲系数,通常表示为土壤体积含水率的函数。

4.4.1.2　模型区域以及边界条件和初始条件

以试验土箱尺寸为基础建立几何模型,建模区域如图 4-21 所示,表面为自由入渗边界,下边界为自由排水边界,侧面为不透水边界。HYDRUS – 3D 模型不能描述移动的水分边界,但可以模拟边界条件随时间变化的过程,因此在试验过程中测定滴头下方积水区域及水头高度。HYDRUS – 3D 模型可以输入不同时间段的水头值,在试验过程中记录水头的变化及对应的时间段,概化为同一时间段水头相同。依据上述研究结果表明红壤多点源交汇试验不同间距、不同流量试验开始后积水区域发生很大变化,其区域半径和水头高度采用游标卡尺测量并记录。试验发现除了间距为 20 cm 的试验,其他间距下积水区域在入渗后 100 min 内基本维持在一个稳定的状态,所以在模拟过程中不考虑其范围的变化,只输入最终的范围值,并设定饱和区半径为定值 R_S。

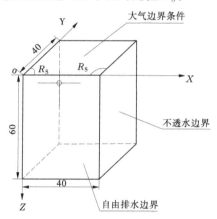

注:R_S——滴头地表最小湿润半径。

图 4-21　模型求解区域示意图

(1)边界条件试验过程中无表面蒸发,则水分运动的上边界条件可以表示为

$$h = l \quad (0 < l < L, z = Z; 0 \leq t) \tag{4-20}$$

$$- K(h) \frac{\partial h}{\partial z} - K(h) = 0 \quad (R_S < x < X, Z = z; 0 \leq t) \tag{4-21}$$

本次模拟输入边界条件中水头随时间的变化个数为 5,按照变化的时间,在各段时间上输入相应的水头值。由于滴头周围有积水产生,因此溶质运移的上边界条件采用一类边界条件:

$$C(x, y, z) = C_a \quad (0 \leq x \leq R_S, z = Z, 0 < t) \tag{4-22}$$

式中,C_a 为溶液 $NO_3^- - N$ 浓度,mg/L。

$$- K(h) \frac{\partial h}{\partial z} = 0 \quad (z = 0, z = Z, 0 \leq z \leq Z, 0 < t) \tag{4-23}$$

侧面为不透水边界

$$\theta D_{rr} \frac{\partial C}{\partial x} = 0 \quad (x = 0, x = X, 0 \leq x \leq X, 0 < t) \tag{4-24}$$

下边界为自由排水边界

$$\frac{\partial h}{\partial z} = 0 \quad (z = 0, 0 \leqslant z \leqslant Z; 0 < t) \tag{4-25}$$

$$\theta D_{rr} \frac{\partial C}{\partial z} = 0 \quad (z = 0, 0 \leqslant z \leqslant Z; 0 < t) \tag{4-26}$$

（2）初始条件假定土壤含水率和$NO_3^- - N$浓度在研究区域内分布均匀，则可表示为

$$\theta(x, y, z) = \theta_0 \quad (0 \leqslant x \leqslant X, 0 \leqslant y \leqslant Y, 0 \leqslant z \leqslant Z; t = 0) \tag{4-27}$$

$$C(x, y, z) = C_0 \quad (0 \leqslant x \leqslant X, 0 \leqslant y \leqslant Y, 0 \leqslant z \leqslant Z; t = 0) \tag{4-28}$$

式中，θ_0为土壤初始含水率，cm/cm^3；C_0为土壤初始$NO_3^- - N$浓度，mg/L；X、R、Z为模拟区域边界（装置物理边界）在径向和垂直方向的坐标。

4.4.2　模型参数确定

4.4.2.1　土壤水力学参数

结合第二章饱和导水率的测定结果，以及第3章土壤水分特征曲线中相关参数的回归模型计算得到容重为1.4 g/cm^3参数，如表4-2所示。

表4-2　试验 van Genuchten 模型参数

容重（g/cm^3）	残余土壤含水率 θ_r	饱和土壤含水率 θ_s）	进气吸力相关参数 α（1/cm）	形状系数 n	土壤饱和导水率 K_s（cm/min）
1.4	0.043 3	0.476	0.025	1.322	0.005 22

4.4.2.2　溶质运移参数

本次模拟 HYDRUS – 3D 软件所建模型中$NO_3^- - N$运移采用标准的一阶动力学线性非吸附模型，即吸附浓度随时间变化。时间权重方案从解的精度方面考虑采用隐式，空间权重方案采用伽辽金有限元法，溶质单位为 mg/L。浓度脉冲持续时间设定为 1 000 min，弯曲系数取 1。$NO_3^- - N$溶质对流弥散度结合第 3 章的结果，通过对流弥散系数计算溶质的纵向和横向弥散度，计算得到纵向弥散度 D_r 取 0.322 1，横向弥散度 D_z 取 0.088 5，平衡吸附为完全物理吸附且均发生在可动区，溶质的分子扩散系数 D_w 取为 0.015 cm/min。试验过程较短，取样测定溶质浓度，所以不考虑硝化反硝化作用。

4.5　模拟结果分析

结合试验设计，采用建立的 HYDRUS – 3D 模型分别对不同间距下流量为 2.1 mL/min 的湿润锋推移过程、含水率分布以及$NO_3^- - N$浓度分布状况进行模拟，试验及模型模拟结果如图4-22所示。HYDRUS – 3D 模型水分推移的过程从颜色变化中可以区分，湿润锋的推移可以直接在模型上测得，含水率和$NO_3^- - N$的分布工作则通过插入到模型中的观测点获得，HYDRUS – 3D 可以模拟出观测点上不同时间的含水率和$NO_3^- - N$含量

的变化值,但是在实测过程中只能用 TDR 探头测定相应位置处不同时间点上含水率的变化,而 $NO_3^- - N$ 含量变化值则不能实时测定,所以只是针对试验结束后对 $NO_3^- - N$ 含量在不同位置处的分布进行模拟。

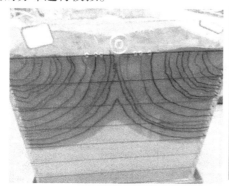
(a)实测照片

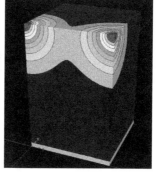
(b)模拟图示

图 4-22　多点源交汇入渗湿润锋运移图示

4.5.1　湿润锋变化的模拟

通过 HYDRUS – 3D 模型,按照试验设计建立 5 个不同间距的土箱模型,输入对应的边界条件和初始条件后运行软件,观测湿润锋的推移过程。HYDRUS – 3D 模型能够模拟出不同时间点上的湿润锋推进状况。湿润锋随时间的变化模拟值与实测值如图 4-23 所示。由图可见,5 个不同间距流量下的湿润锋推移模拟值与实测值通过显著性检验后,差异不显著。平均相对误差分别为 9.5%、9.2%、9.0%、8.9%、8.6%,结合模型效率分析 NSE 值均在 0.85 以上,说明模型能够很好地模拟出红壤多点源滴灌交汇入渗湿润锋的变化过程。间距为 20 cm 时模拟值与实测值的偏差较大,与该间距下由于地表积水范围较大而引起的入渗方式的改变有关系。滴头间距扩大时湿润锋的模拟值与实测值误差减小,尤其是间距为 60 cm 时,因为湿润锋没有发生交汇为单点源入渗,湿润锋推移不受到影响,所以模拟精度最好。由图 4-23 可见,相比于实测值湿润锋变化有凹凸现象,同一入渗时刻模拟值的湿润锋更为光滑。HYDRUS – 3D 模型的模拟精度不仅与相关参数的准确性有关,还与单元网格的划分有关,网格划分的越加精细,解的精度越好。只是在模型运算时需要花费的时间较长,模型在模拟时并不考虑边壁滞后效应,所以模拟湿润锋的推移均为理想情况下的;实际试验中,土壤装填的均匀性、边壁效应等都是影响试验的原因,所以在应用模拟结果预测生产中湿润锋的推移时,需要考虑到实际情况。

4.5.2　含水率变化的模拟

图 4-24 为 5 个不同间距含水率的模拟值与实测值对比,由图可见,HYDRUS – 3D 软件能够很好地模拟出多点源交汇入渗后湿润体内含水率的分布。通过误差分析,5 个不同间距的模拟值与实测值平均相对误差分别为 11.5%、10.6%、8.75%、9.51%、7.73%,NSE 值均在 0.90 以上。滴头间距为 20 cm 的模拟精度最低,误差最大;滴头间距 30 cm 的次之。

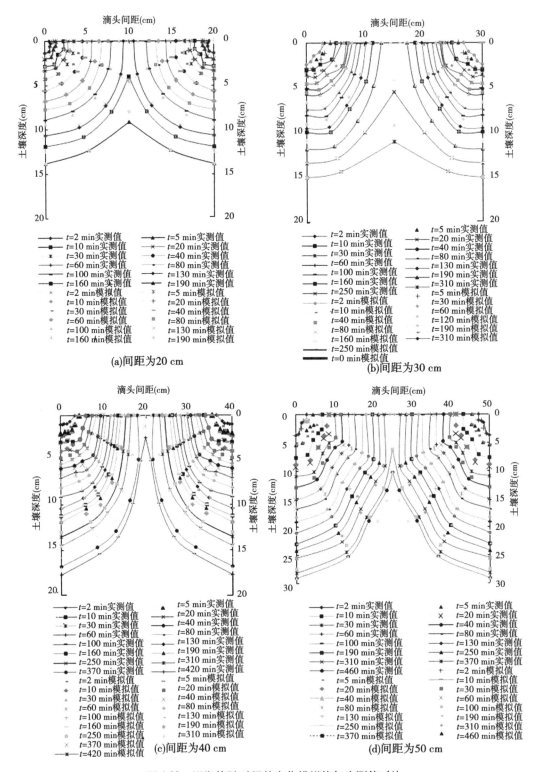

图 4-23 湿润锋随时间的变化模拟值与实测值对比

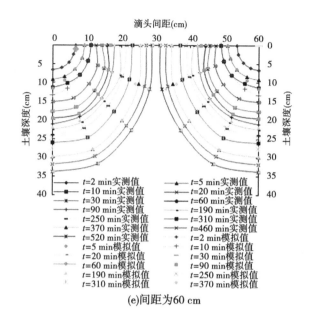

(e)间距为60 cm

续图 4-23

　　由 4-24（a）、（b）可见，在不同距离处的模拟值与实测值基本一致，模拟值能够反映出红壤滴灌交汇入渗含水率的分布规律。土壤表层不同间距含水率模拟误差较大，在土壤表层距离滴头间距 5 cm 和 10 cm 处实测含水率远大于模拟值。实测值在测定过程中地表含水率通过 TDR 探头测定，此时这两个间距下地表积水范围大，积水层较深。实测过程中势必会受到积水的影响，测定的土壤含水率为饱和状态。而模型只是在设定的边界条件和初始条件下模拟得出含水率的变化，不会考虑到积水区域土壤含水率受到积水的影响，所以模型在实际生产应用中需要考虑到滴头间距变化对地表土壤含水率的影响。

　　由图 4-24（c）、（d）、（e）可见，间距较大时，滴头周围的土体区域增加，小流量滴灌时土壤较强的需水量使得滴灌的水肥快速地入渗，在地表处形成的积水区域较小，含水率的实测值和模拟值比较接近。图中部分实测含水率会出现突然增大或减少现象，模拟值则比较均匀；模拟值与实测值出现偏差说明在建模过程中模型为理想状态，在既定条件下通过神经网络预测出一个不受任何干扰的含水率值。在试验过程中，土壤装填的均匀性、土壤孔隙的分布，以及是否有大孔隙流和优先流现象的出现等均会引起某一位置处含水率的变异。生产实际中应用 HYDRUS – 3D 软件模拟实际滴灌交汇入渗含水率变化时，建模过程中需要考虑到土壤的空间差异性以及滴头间距流量的变化。综合而言，除个别位置处模拟值与实测值差异较大外，该模型能够很好地反映出红壤滴灌交汇入渗后湿润体内土壤含水率的分布。

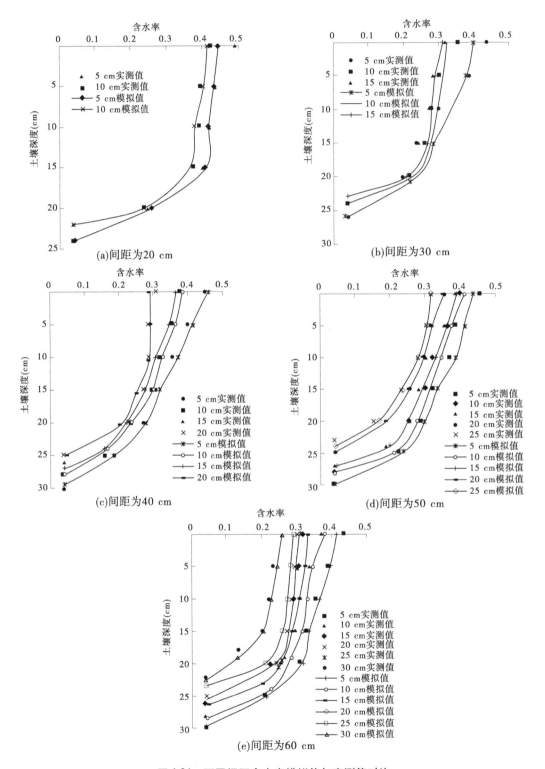

图 4-24　不同间距含水率模拟值与实测值对比

4.5.3　$NO_3^- - N$ 迁移的模拟

通过垂直入渗试验得到了 $NO_3^- - N$ 的迁移分布规律,可知 $NO_3^- - N$ 随水分入渗到红壤内不被土壤胶体吸附,而随水分迁移。HYDRUS - 3D 软件模拟点源交汇入渗 $NO_3^- - N$ 的迁移分布如图 4-25 所示,由图可见, HYDRUS - 3D 模型能够很好地模拟出滴灌结束后 $NO_3^- - N$ 在红壤中的分布变化。模拟值与实测值的平均相对误差总体在 9.8% 以内,间距为 60 cm 的误差最低为 7.8% , 间距为 20 cm 的误差达到 9.8% , NSE 系数均在 0.85 以上。由此可见,间距对模拟的精度有较大的影响。结合含水率分布的模拟值与实测值的对比分析,间距较小时水分溶质的入渗空间受到挤压,造成滴灌水分溶质不能及时渗入到土体内而累积在滴头下方。当这一现象严重时会发生地表径流现象,水分溶质的入渗从点源三维入渗变化为垂直一维入渗,而模型则不会考虑到这一变化,仍然为点源入渗的模拟,所以造成了模拟值与实测值之间的偏差。对比模拟值和实测值发现,5 个不同间距下的实测值变化会出现某个点突变现象,而模拟值则较为平滑且实测值小于模拟值。这说明 HYDRUS -3D 模型模拟过程中对于灌溉结束后 $NO_3^- - N$ 含量的模拟是一个静止时间,认为水分溶质定格在这个数值上,而实际试验在滴灌结束后水分溶质在重力势和基质势的作用下继续入渗,有一个再分布的过程。另外,通过土钻取样测定 $NO_3^- - N$ 含量也会产生一些误差,所以会出现模拟值大于实测值的现象,对于实际生产的模拟需要综合考虑上述影响,综合分析滴灌结束后水分溶质的分布范围和含量。

4.6　室内红壤滴灌合理参数确定

室内多点源滴灌交汇入渗试验设计了不同间距下流量的变化对湿润锋推移、含水率以及 $NO_3^- - N$ 的分布变化试验,目的在于分析得出设定边界条件和初始条件下适合于红壤的多点源滴灌设计参数。

从上述试验结果的分析可知,当在容重、流量相同的条件下,滴头间距越小,地表越容易积水并形成径流。当滴头间距为 20 cm、流量为 8.4 mL/min 时土壤表面形成积水层,试验从点源入渗变为垂直一维积水入渗,而且在实际生产中也会因此而产生径流,滴灌变为漫灌,造成水肥浪费,所以该间距大流量不适合于红壤滴灌滴头间距设计。间距为 60 cm 时 3 个设计流量下湿润体均未发生交汇,滴灌时会出现湿润"真空"带,影响作物根系吸水,其他 3 个间距的试验湿润体均发生了交汇且没有出现积水而形成地表径流的现象。间距为 50 cm 流量 2.1 mL/min 和 4.2 mL/min 时交汇需要滴灌的时间较长,流量为 8.4 mL/min 时,滴头流量过大,水分溶质来不及入渗到土体内,尤其是试验后期,土壤的入渗率较低,水分不能及时入渗,地表积水严重,所以间距为 50 cm 根据室内试验结果认为也不适合于红壤滴灌。在流量为 8.4 mL/min 时,滴头间距为 30 cm 和 40 cm 的试验也出现这种现象。当滴头间距相同、流量为 8.4 mL/min 时,较大流量下积水严重水分溶质来不及入渗,滴头下方积水严重,所以这种流量不适合于红壤滴灌。对于间距为 30 cm 和 40 cm、流量为 2.1 mL/min 时,交汇过程时间较长,耗费的能量较多,且湿润体内的水分溶质分布不均匀,所以该流量也不适合。当滴头间距为 30 cm、流量为 4.2 mL/min 时,湿润体

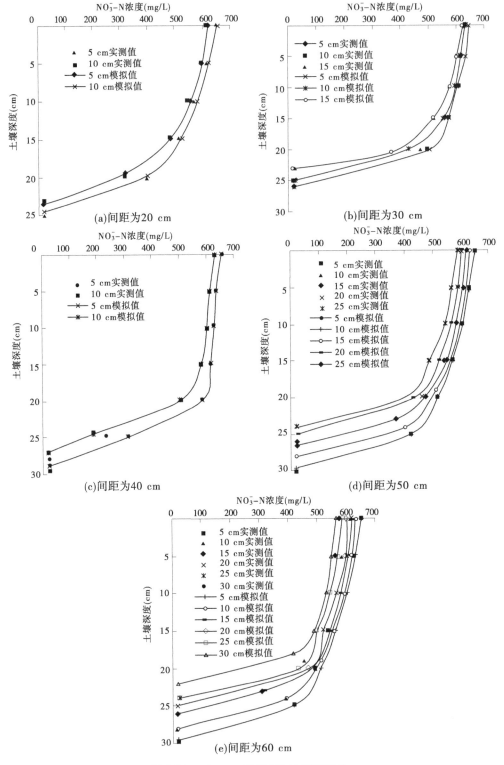

图 4-25 $NO_3^- - N$ 模拟值与实测值对比

的湿润范围,以及湿润体内含水率和溶质含量均差于间距为 40 cm。综合分析在室内多点源滴灌试验中容重为 1.4 g/cm³ 条件下,间距为 40 cm、流量为 4.2 mL/min 时较为合适。

4.7　本章小结

本章通过室内单点源和多点源滴灌交汇入渗试验,研究了不同容重下湿润锋推移及交汇过程。并研究了容重为 1.4 g/cm³ 时,不同间距、不同流量对交汇入渗湿润锋推移、含水率和 NO₃⁻ – N 分布的影响。通过 HYDRUS – 3D 软件建立了点源滴灌交汇入渗模型,确定了边界条件和初始条件,对模型相关参数进行了率定。通过模型对试验进行了模拟,将模拟值与实测值进行了对比分析。通过本章研究,为红壤多点源滴灌参数的选取和数值模拟提供参考,并为田间试验的设计和开展提供依据。得到以下结论:

(1)单点源滴灌入渗结束后不同红壤容重影响下湿润体呈半椭球状,红壤容重对湿润锋的推移过程及湿润体的形状有较大的影响,容重越大,湿润锋推移速度越慢,湿润体在水平方向的推移范围大于垂直方向,湿润体呈扁平状,并建立了单点源滴灌湿润体与容重和入渗时间的回归模型,相关系数在 0.95 以上。

(2)相同容重和流量下滴头间距对湿润锋推移、含水率和 NO₃⁻ – N 分布有较强的影响,多点源滴灌湿润锋的交汇时间与间距相关,间距越小,交汇时间越短,具体表现为 20 cm > 30 cm > 40 cm > 50 cm,间距为 60 cm 时在试验过程中没有发生交汇,对于脐橙等作物根系附近湿润带的形成不利。

(3)其他影响因素相同的情况下,流量越大,湿润锋的交汇时间越短,而流量为 8.4 mL/min 时对于小间距滴灌设计,不利于水分溶质的入渗,容易形成地表径流,造成水肥流失。流量为 2.1 mL/min 时交汇时间较长,能源消耗严重。通过试验数据建立了湿润锋交汇时间与流量和间距的回归模型,相关性很高。不同间距和流量下的湿润锋水平和垂直推移速度在入渗开始后的前 50 min 内较快,后期趋于平缓,流量越大湿润锋推移越远,且同一条件下湿润锋在水平方向的推移距离大于垂直方向。

(4)湿润体内的含水率和 NO₃⁻ – N 含量受到流量和间距等影响,同一间距时流量越小,距离滴头越远,含水率和 NO₃⁻ – N 则越低。流量为 8.4 mL/min、滴头间距较小时,地表层 10 cm 范围内的土壤含水率和 NO₃⁻ – N 含量较高,且该范围内土壤达到饱和状态。流量较大时有利于湿润体范围内水分溶质含量的均匀分配,但影响入渗过程。综合分析认为室内试验容重为 1.4 g/cm³ 时,滴头间距取为 40 cm,滴头流量取为 4.2 mL/min 最适宜于红壤的滴灌设计。

(5)HYDRUS – 3D 模型能够很好地模拟出红壤多点源交汇入渗湿润锋的推移、含水率及 NO₃⁻ – N 分布,模拟值与 3 个指标实测值的平均相对误差分别为 9.5%、11.5%、9.8%,模型效率系数 *NSE* 均在 0.85 以上。HYDRUS 模型的模拟精度较高,可用于对多点源红壤滴灌的模拟,在模拟过程中模型要考虑到试验过程中土壤的装填质量和地表积水状况。

第 5 章　田间滴灌土壤水肥运移
试验及参数取值

在第四章室内实验的基础上,开展脐橙滴管田间试验;试验地选择在江西省赣州市寻乌县脐橙果园内进行,通过田间试验结合室内试验得出最适宜该区域脐橙滴灌的技术参数。

5.1　丘陵脐橙多点源滴灌交汇入渗湿润体形状分析

在脐橙园内进行的多点源滴灌水肥一体化入渗试验结束后,按照第 2 章田间试验取样点的布置取样,根据不同位置处的测定结果,假设交汇入渗后的湿润体为球对称结构,结合各点含水率的值采用 MATLAB 软件,绘制各取样点交汇后湿润体的形状和大小。

不同流量、不同间距下多点源滴灌交汇入渗后,由各处含水率的实测值绘制成的交汇湿润体如图 5-1 ~ 图 5-3 所示。

由图 5-1 可见,滴头流量为 0.5 L /h 时多点源滴灌交汇入渗后湿润体的形状受到间距的影响较大,学者们在研究其他质地的土壤时也认为滴灌流量等因素影响到湿润体的形状和大小。该流量下不同间距湿润体大小排序 50 cm > 40 cm > 30 cm > 20 cm,表现为流量一定时滴头间距越大,湿润范围越广,但相应的交汇范围减小。在多点源滴灌灌溉过程中流量相同时,滴头间距越小,可以供给水分溶质入渗的土体空间变小;在相同流量下,入渗能力也相同时,渗入土体内的水量减小。在有限的空间内单个滴头所形成的湿润范围扩大,并与其他湿润体相接,进而扩大了交汇区域并在交汇体处形成 0 通量面,即水分溶质在同量同浓度下不发生相互交融侵占现象。滴灌过程中入渗稳定后,多滴头下方的红壤进入到稳渗阶段,当土体对水分溶质的容纳能力下降后,地表出现严重的积水现象。由图 5-1(a)、(b)可见,地表范围的含水率较高且范围较大。在这两个间距下湿润体的范围较小,地表水分溶质增加,容易造成水分养分累积,水分不能入渗到深层土体,致使湿润土体较小,会造成根系周围湿润范围过小而不能充足地吸收养分、水分,大量的水分养分积累在土壤表层不能被利用。由图 5-1(d)可见,滴头间距为 50 cm 时湿润体的范围较大,且地表含水率低于其他几个间距下的含水率,这表明在该间距滴灌过程中,水分溶质渗入到了土体内,增加了深层水分养分含量。但是由于间距过大,各滴头需要湿润的土体较多,在入渗结束后各湿润体的交汇区域较小,且在滴头之间形成水分养分供给的"空白"区间,不利于作物根系吸收。

由图 5-2 可见,滴头流量为 1 L /h 时 4 个间距下的湿润体形状及交汇范围受到间距的影响较大,表现为随着间距的增加,湿润范围增加交汇区域减少。从平面位置可见,间距为 20 cm、30 cm 的湿润体表层湿润范围直径约为 50 cm,而间距为 40 cm、50 cm 的湿润范围扩大到直径 100 cm 的范围,且间距为 50 cm 的土壤表层范围达到最大。试验过程中

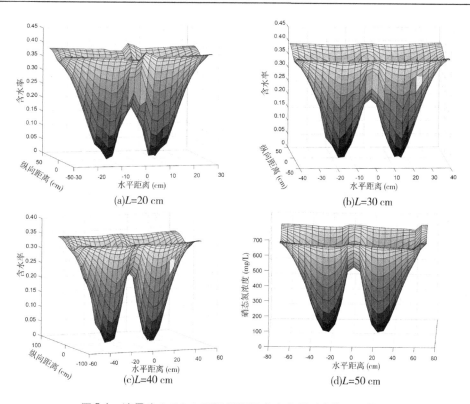

图 5-1　流量为 0.5 L/h 不同间距下含水率所形成的湿润体形状

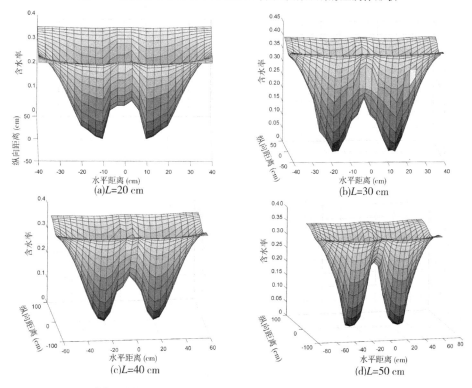

图 5-2　流量为 1 L/h 不同间距下含水率所形成的湿润体形状

间距为 20 cm 的地表积水现象严重,出现了径流,造成了水肥严重浪费的现象,不适合于该区域滴灌间距的设计。间距为 50 cm 的湿润范围虽然较广,但是滴头之间的土体空白区域较大,湿润体的交汇区域较少。脐橙等作物根系主要分布在 30 ~ 150 cm 的范围内,该区域为脐橙计划湿润层,如果得不到充足的水分养分,会影响作物的产量。综合对比分析,滴头间距为 40 cm 时较利于在脐橙根系附近形成一个有效的湿润带。

由图 5-3 可见,湿润体的形状随间距的增加而增大,该流量下 4 个不同间距的湿润体交汇区域均大于其他 2 个流量下的湿润体交汇区域;湿润体的交汇区域随间距的增加而减小。试验过程中滴头流量较大时,间距为 20 cm、30 cm、40 cm 均出现了不同程度的地表积水径流现象。间距为 20 cm 时这种现象最为严重,间距为 50 cm 的虽然在地表没有发生径流现象,但是积水区域较大,蒸发量也相应增加,造成水分养分的流失。红壤丘陵地区脐橙滴灌主要以补充性灌溉为主,以解决季节性干旱引起的干旱缺水问题;在该段时间内的滴灌目的就是补充脐橙种植区计划湿润层内的水分养分,形成一个湿润带。过多的水分养分在地表径流,造成水分的无效蒸发损失,达不到滴灌灌溉的效果。滴头流量为 2 L/h 时,滴头的供水能力远大于土壤的入渗能力,很容易造成地表积水现象,所以该流量设计不适合于红壤地区滴灌参数选取。

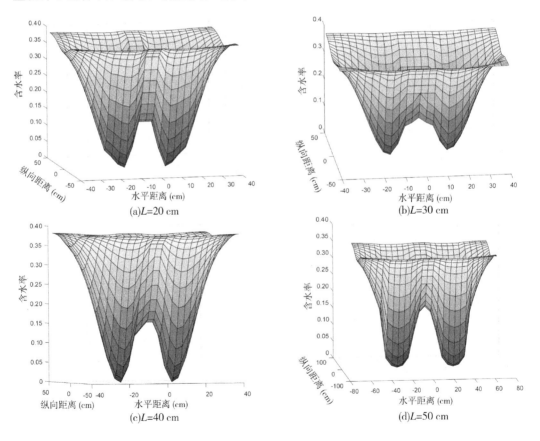

(a)L=20 cm   (b)L=30 cm

(c)L=40 cm   (d)L=50 cm

图 5-3 流量为 2 L/h 不同间距下含水率所形成的湿润体形状

分析 3 个设计流量下对滴灌湿润体的影响,表明高流量有助于湿润体范围的扩大和交互区域的增加,但是流量不变的情况下,随着土壤入渗能力的下降,滴头供给的水不能及时入渗到土体内,水分养分在地表积累而造成水肥损失。低流量时,间距较大时需要湿润的范围扩大,在灌溉过程中各滴头范围内的湿润体形成交汇较困难,不利于在根系附近形成湿润带。间距较小时,湿润体交汇区域较大,但是整个湿润范围却比较小,不能覆盖到整个脐橙根系区域。

5.2　多点源滴灌交汇入渗水分溶质运移分布数值模型建立

5.2.1　建模及模型参数确定

5.2.1.1　滴灌水分运动基本方程

田间试验滴灌水分运动也属于三维流动问题。入渗发生在距地表 100 cm 的范围内,根据土壤理化分析结果,假定该范围内土壤分为两层,分层界限为 30 cm 处,同层土壤各向同性、均质,且初始含水率相同。试验过程中存在蒸发现象,所以建模过程中考虑表层土壤水分蒸发,忽略土壤温度变化引起的水分滞后效应,则三维轴对称点源水分入渗 Richard 方程可表示为

$$\frac{\partial \theta}{\partial t} = \frac{\partial}{\partial x}\left(K_h \frac{\partial h}{\partial x}\right) + \frac{\partial}{\partial y}\left(K_h \frac{\partial h}{\partial y}\right) + \frac{\partial}{\partial z}\left(K_h \frac{\partial h}{\partial z}\right) + \frac{\partial K_h}{\partial z} - S(x、y、z、t) \tag{5-1}$$

式中,θ 为土壤体积含水率,cm/cm^3;h 为土壤负压水头,cm;x、y、z 为坐标(z 坐标向下为正),cm;t 为入渗时间,min;K_h 为非饱和导水率,cm/min;S 为地表蒸发项,cm/min。

式中非饱和土壤水分特征曲线 $\theta(h)$ 以及土壤导水率 $K(h)$ 根据式(4-12)~式(4-15)确定。

5.2.1.2　滴灌 $NO_3^- - N$ 运移方程

$NO_3^- - N$ 作为非吸附性离子,随水分的运移认为在同一层内做径向对称运动,其对流-弥散方程可表示为

$$\frac{\partial(\theta C)}{\partial t} = \frac{\partial}{r \partial r}\left(r\theta D_{rr}\frac{\partial C}{\partial r}\right) + \frac{\partial}{\partial z}\left(\theta D_{zz}\frac{\partial C}{\partial z}\right) - \frac{\partial}{\partial r}\left(\frac{\partial q_r C}{\partial r}\right) - \frac{\partial}{\partial z}\left(\frac{\partial q_z C}{\partial z}\right) \tag{5-2}$$

式中水动力弥散系数根据式(4-17)~式(4-19)得到。

5.2.2　边界条件和初始条件

5.2.2.1　边界条件

模型建模区域如图 5-4 所示,滴灌过程中随着时间的推移出现地表积水现象,且积水深度发生变化,当入渗达到稳定后,积水深度维持稳定。在建模过程中,HYDRUS-3D 软件可通过上边界条件水头值的变化来模拟这一现象。不同间距、不同流量滴管时饱和区域的变化及积水深度变化时段如表 5-1 所示。试验过程中地表饱和区域与积水区域存在变化和稳定两个阶段,变化过程与入渗时间相关。模型考虑蒸发,边界 AB 为地表边界,灌溉时为饱和边界,属于第一类边界,边界条件可以表示为

表 5-1　田间试验地表饱和区域及积水深度与时间关系

流量（L/h）	达到饱和区域的时间（min）	积水变化阶段		积水稳定阶段	
		积水深度（cm）	对应的时间（min）	稳定深度（cm）	时间（min）
0.5	68 ~ 85	0.35	20	0.78	65
1	55 ~ 80	0.58	53	1.2	78
2	50 ~ 76	0.72	68	1.5	83

$$h = \begin{cases} h_1 = 0.35 & (0 \leq t \leq 20 \text{ min}, z = 0) \\ h_2 = 0.78 & (20 < t \leq T, z = 0) \end{cases} \tag{5-3}$$

$$-\left[K(h)\frac{\partial h}{\partial z} + K(h) \right] = e_s \quad (t > 0, 0 \leq r \leq R_s) \tag{5-4}$$

本次模拟过程中地表有积水，溶质上边界条件采用一类边界条件：

$$C(r,z) = C_0 \quad 0 \leq r \leq R_s, z = Z, 0 \leq t \tag{5-5}$$

左右边界 AD 和 BC 在球坐标中对称，该方向上的水分运移通量为 0，属于第二类边界条件

$$-K(h)\frac{\partial h}{\partial r} = 0 \quad (0 \leq r \leq R, 0 \leq z \leq Z, 0 < t) \tag{5-6}$$

$$\theta D_{rr}\frac{\partial C}{\partial r} = 0 \quad (0 \leq r \leq R, 0 \leq z \leq Z, 0 < t) \tag{5-7}$$

下边界 CD 为自由排水边界：

$$\frac{\partial h}{\partial z} = 0 \quad (z = 0, 0 \leq r \leq R, 0 < t) \tag{5-8}$$

$$\theta D_z\frac{\partial C}{\partial z} = 0 \quad (z = 0, 0 \leq r \leq R, 0 < t) \tag{5-9}$$

式中，θ_0 为土壤初始含水率，cm/cm^3；h 为滴头下方积水深度，cm；e_s 为地表蒸发强度，cm/d。

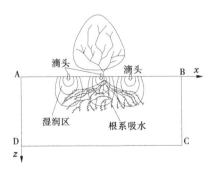

图 5-4　模型建模区域

5.2.2.2　初始条件

初始条件假定土壤初始含水率和 $NO_3^- - N$ 浓度层内相同、层间不同,HYDRUS - 3D 软件在建模过程中根据分层位置设定不同容重,初始含水率则通过负压水头的不同来设定,初始条件可表示为

$$\theta(r,z) = \theta_0 \quad (0 \leqslant r \leqslant R, 0 \leqslant z \leqslant Z; t = 0) \tag{5-10}$$

$$h(r,z,t) = h_0 \quad (t > 0) \tag{5-11}$$

$$C(r,z) = C_0 \quad (0 \leqslant r \leqslant R, 0 \leqslant z \leqslant Z; t = 0) \tag{5-12}$$

式中,h_0 为初始含水率对应的土壤水势,cm;C_0 为土壤初始 $NO_3^- - N$ 浓度,mg/L。

5.2.3　模型参数确定

5.2.3.1　土壤水力参数

土壤水分特性的 VG 模型参数,分层土壤水分特征曲线采用压力膜法测定,结合非饱和导水率试验结果,并将颗粒分析的成果输入到 RETC 软件进行模拟,对比分析不同方法得到模型参数,最终确定合适的参数(见表 5-2)。

表 5-2　分层红壤 van Genuchten 模型参数

分层 (cm)	残余土壤含水率 θ_r	饱和土壤含水率 θ_s	进气吸力相关 参数 α(1/cm)	形状系数 n	土壤饱和导水率 K_s(cm/min)
0~30	0.055	0.432	0.038	1.32	0.016 78
30~100	0.043	0.398	0.036	2.33	0.009 23

5.2.3.2　溶质参数

模拟中 $NO_3^- - N$ 运移采用标准的一阶动力学线性非吸附模型。本次模拟 HYDRUS - 3D 软件里时间权重方案采用隐式,空间权重方案采用伽辽金有限元法,溶质单位为 mg/L,模拟中浓度脉冲持续时间设定为 300 min,弯曲系数取 0.5,$NO_3^- - N$ 溶质对流 - 弥散方程中纵向弥散度 D_r 取 26.66,横向弥散度 D_z 取 2.65,平衡吸附为完全物理吸附且均发生在可动区,溶质的分子扩散系数 D_w 取为 0.15 cm/min,吸附模型选择为弗洛伊德吸附模型。试验中不考虑硝化反硝化作用。

5.3　多点源滴灌交汇入渗水分运动溶质运移特性及数值模拟

5.3.1　多点源滴灌交汇入渗水分运动特性及模拟

按照取样点的布设,在试验结束后分别对不同角度、不同距离和深度处的试验点进行取样,分析各点处土壤含水率和 $NO_3^- - N$ 含量,对滴头中心连线处和 180°方向的含水率和 $NO_3^- - N$ 含量的实测值与模拟值进行对比分析。

多点源交汇入渗后不同间距、不同点处含水率分布及模拟值如图 5-5 ~ 图 5-7 所示。由图 5-5 ~ 图 5-7 可见,HUDRUS - 3D 模型模拟值与实测值具有很好的一致性,能够反映

出含水率的分布规律。

由图 5-5 可见,滴头流量为 0.5 L/h 时,含水率的分布随着滴头距离的远近而变化。在距离地表 20 cm 的范围内,含水率的值较高;试验所在地土壤存在分层现象,受到容重变化的影响,在深度为 20 cm 以下含水率出现下降趋势。结合垂直一维入渗试验表明高容重下土壤的入渗率降低,渗入到土体内的水分减少。由图 5-5(a)中可见,滴头流量较小时湿润体的形状受到土壤分层变化的影响较大,180°取样点的含水率分布实测值与模拟值图均显示出取样深度 20 cm 以下时,各剖面上的含水率陡然下降。结合 5.1 部分中多点源交汇后湿润体的形状,分析认为由耕作和人类生产活动的原因而造成了丘陵地区脐橙园内这种上轻下重的红壤结构,这样的结构形式可以有效地增加表层土壤的水肥含量,但是对于深层土壤,水肥渗入的减少影响到脐橙根系吸收,该流量下其他间距均存在相同的问题。两滴头间 0°处不同距离剖面上的含水率,与滴头远近以及滴头间距的大小相关。在滴头连线中心点处的剖面上的含水率低于同一深度其他位置点,且入渗的深度也受到间距的影响,间距越小交汇中心点的深度越深。

由图 5-6 可见,滴头流量为 1 L/h 时各剖面上含水率同样受到间距的影响。在地表 20 cm 的范围内滴头下方或接近滴头的区域含水率趋于饱和,地表 20 cm 以下土壤含水率开始减少。在 180°方向含水率降低的趋势大于 0°方向,间距越小越明显。两滴头连线方向滴头间距较小时,在交汇面处形成 0 通量面,在交汇区域形成了一个水分侧向运移的屏障,在这个屏障下水分只能垂直下渗。而在 180°方向水分发生三维运动,水分在没有受到约束条件下进行运动,湿润体的扩散范围较广,相应的不同深度处的含水率值就低于交汇面处。间距越大时交汇面距滴头的距离也增加,滴头与交汇面处的土壤体积增加,水分溶质的容纳空间变大,在供水量相同的条件下,该区域内的含水率低于小间距的。在实际脐橙灌溉中形成多滴头环状结构,每个滴头所形成的湿润体均有两个 0 通量面,限制了滴头连线处湿润体的发展,并增加了剖面上土壤的含水率,对于另外两侧则通过侧向扩散增加湿润范围,从而形成较大范围的湿润带。

由图 5-7 可见,滴头流量为 2 L/h 时各间距不同方向、不同剖面上的含水率差异不明显,距离滴头 15 cm、距离地表 20 cm 范围内的土壤含水率远高于其他点处。在该范围内间距越小越趋于饱和,地表土壤甚至出现过饱和状态。间距在 20 cm、30 cm 时的地表积水严重,间距 40 cm、50 cm 湿润范围内含水率分布差别较大,影响到滴灌后湿润体含水率的均匀性。滴头间距为 50 cm 时湿润体的交汇区域也较小,不利于形成湿润带。

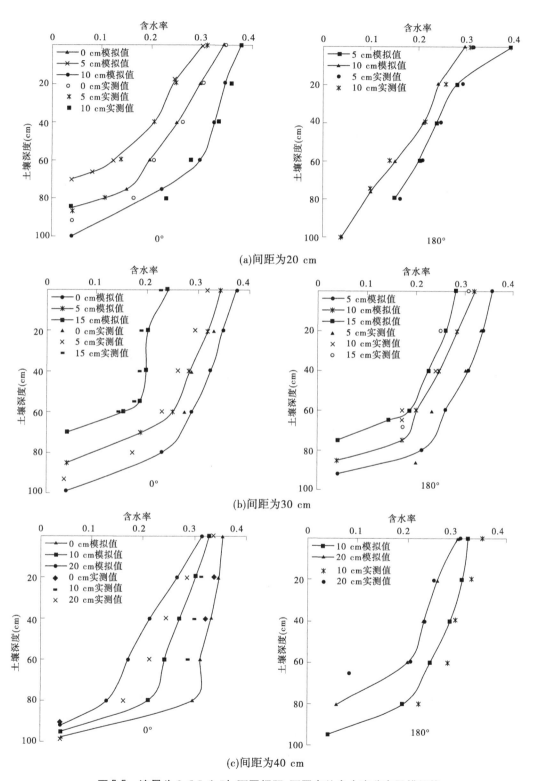

(a)间距为20 cm

(b)间距为30 cm

(c)间距为40 cm

图 5-5　流量为 0.5 L/h 时,不同间距、不同点处含水率分布及模拟值

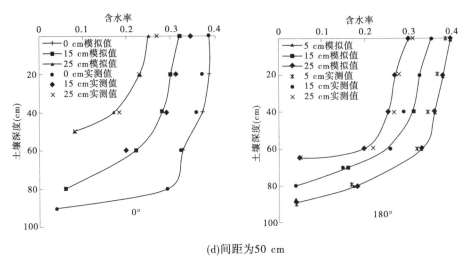

(d)间距为50 cm

续图 5-5

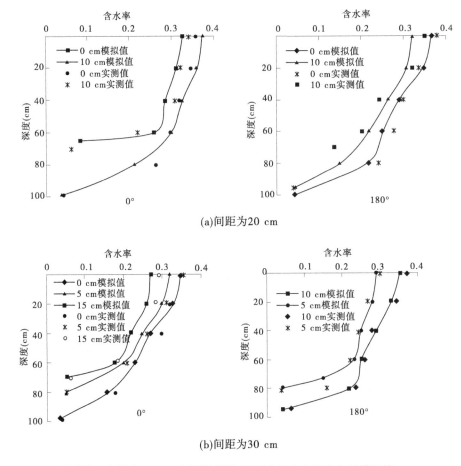

(a)间距为20 cm

(b)间距为30 cm

图 5-6　流量为 1 L/h 时,不同间距、不同点处含水率分布及模拟值

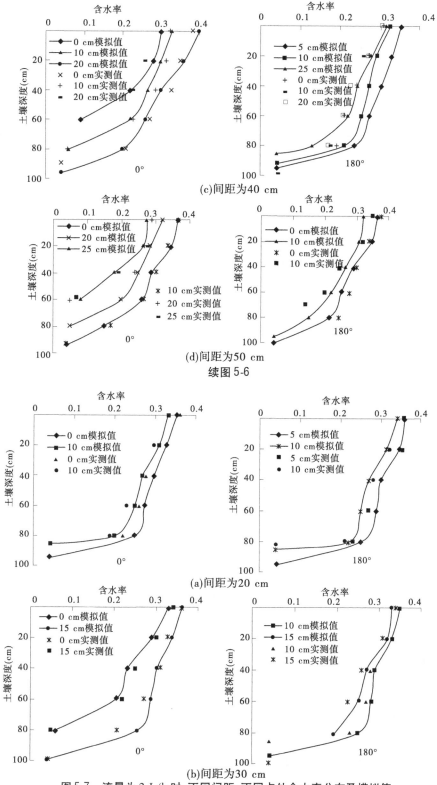

(c)间距为40 cm

(d)间距为50 cm

续图 5-6

(a)间距为20 cm

(b)间距为30 cm

图 5-7　流量为 2 L/h 时,不同间距、不同点处含水率分布及模拟值

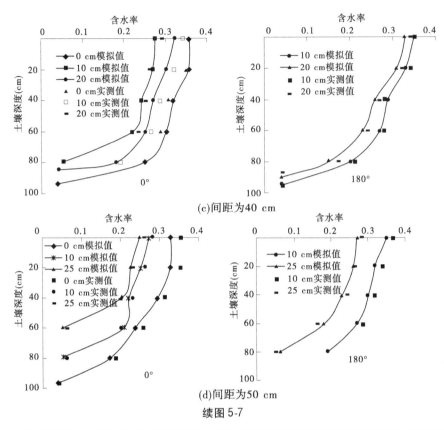

(c)间距为40 cm

(d)间距为50 cm

续图5-7

对比分析图5-5～图5-7中HYDRUS－3D模型模拟值和实测值的结果,不同流量下对于含水率的模拟各间距的最大平均相对误差分别为9.2%、9.8%、10.2%。对比红壤多点源滴灌室内试验结果,模型对含水率的误差大于室内条件下的。分析原因认为在室内条件下,土壤各向同性,且装填均匀。而田间试验中,土壤存在着空间差异性,HYDRUS－3D软件在建模过程中可以模拟出土壤不同深度处的容重变化,但是在同一容重下其土壤中的密度均匀性,是否存在孔隙等不能模拟出,只能通过网格的划分来提高精度,所以造成田间试验模拟误差较大的现象。

结合纳什效率系数(NSE)来分析模拟结果,以不同流量、不同间距180°方向上的取样点为例计算模拟值与实测值的NSE,如表5-3所示。由表可见,该试验条件下HYDRUS－3D模型的NSE均在0.85以上,表明模型具有较高的可信度,模拟多点源滴灌交汇入渗后含水率在不同剖面上的分布值与实测值具有很好的一致性,HYDRUS－3D可以用于红壤丘陵区滴灌入渗后剖面含水率的模拟。

由表5-3可见,当滴头流量为2 L/h、间距为20 cm模拟值与实测值的NSE最低,分析认为在该流量间距下,间距较小造成滴头附近湿润土体减少,而较大的流量产生的供水又不能及时入渗到土壤内,造成地表累积。随着地表积水的扩大进一步发展为产生地表径流现象,由点源入渗发展为积水入渗,使得滴头周围地表及距离表层20 cm范围内的土壤含水率超高,而HYDRUS－3D软件在建模过程中只考虑存在滴头下方积水区域的点源入渗,而较大流量产生的径流现象没有考虑,所以在模拟过程中尤其是对地表20 cm的范围内土壤含水率的模拟值与实测值结果有较大的差异。间距相同时,3 个不同流量下间距相比较,间距为 20 cm 的 *NSE* 值低于其他几个间距,产生这种现象的原因均是由于间距较小造成地表径流而不能准确地对这个过程进行模拟。

表 5-3　不同流量间距时含水率模拟值与实测值 *NSE*

流量(L/h)	间距(cm)			
	20	30	40	50
0.5	0.912	0.925	0.956	0.973
1	0.883	0.922	0.957	0.966
2	0.855	0.913	0.938	0.952

5.3.2　多点源滴灌交汇入渗溶质迁移特性及模拟

在田间试验过程中,$NO_3^- - N$ 浓度均为 651 mg/L,NO_3^- 为非吸附性离子在水肥一体化灌溉过程中随着水分的运动而迁移。根据第 3 章溶质的一维迁移和第 4 章三维迁移研究,表明其迁移过程与水分的运动过程相似。因此仅对田间交汇入渗结束后 180°方向上取样点的 $NO_3^- - N$ 分布及模拟做一个论述。

红壤丘陵地区多点源滴灌交汇入渗后 $NO_3^- - N$ 的迁移分布模拟值与实测值如图 5-8 ~ 图 5-10 所示。由图 5-8 ~ 图 5-10 可见,HYDRUS – 3D 软件能够模拟出不同因素下入渗后 $NO_3^- - N$ 迁移分布规律,滴头流量和间距对 $NO_3^- - N$ 迁移分布有较大的影响。具体表现为,流量越大,$NO_3^- - N$ 迁移范围越广,在滴头附近地表 20 cm 范围内的含量也越高;间距越大,$NO_3^- - N$ 迁移范围越广且各剖面上的含量相应地降低,与湿润体的形状和交汇处含水率的分布相同,在交汇面处间距越大,$NO_3^- - N$ 分布范围和含量也越低。

由图 5-8 可见,当滴头流量为 0.5 L/h 时,间距越大,$NO_3^- - N$ 迁移范围越广,随着迁移范围的增加,$NO_3^- - N$ 含量相应的出现减少。间距增大情况下,距离滴头最远处的取样点剖面上的 $NO_3^- - N$ 含量均低于其他剖面上相应位置处的含量,且深度越深含量越低。交汇入渗后 $NO_3^- - N$ 随着水分的运动而迁移,试验结束后某一取样点处的含水率大小决定了 $NO_3^- - N$ 的含量。对于交汇区域的 $NO_3^- - N$ 含量受到间距与土壤含水率分布的影响,间距较小时迁移深度较深,间距较大时迁移深度则浅。

由图 5-9 可见,当滴头流量为 1 L/h 时,流量的变大促使各取样点 $NO_3^- - N$ 的含量相应增加,在湿润体边缘剖面上取样点的 $NO_3^- - N$ 浓度值大于流量为 0.5 L/h 相同间距下的值,且间距越小越明显。分析认为在间距相同时,流量的变化增加了 $NO_3^- - N$ 的供给量,当土壤达到稳定入渗状态时多余的水分溶质累积在地表,扩大了地表的积水范围,从而影响到水分溶质的入渗方式。随着深度的增加,$NO_3^- - N$ 含量减小明显,以图 5-9(d)间距为 50 cm 为例,距离滴头 25 cm 的取样点随着取样深度的增加,$NO_3^- - N$ 浓度出现下降趋势,分布深度也减小,说明流量相同条件下间距越大,$NO_3^- - N$ 分布范围虽然扩大,但是湿润体边缘剖面处的含量较小,不利于作物根系对养分的汲取。

由图 5-10 可见,当滴头流量为 2 L/h,间距为 20 cm、30 cm 时,试验过程中出现严重积水而造成地表径流,引起水肥流失。由于地表积水区域的扩大,间距相同时流量越大,湿润范围也增加,相同滴头距离处剖面上的$NO_3^- - N$含量也相应增大。间距为 40 cm、50 cm 时$NO_3^- - N$的迁移分布范围大于其他两个流量下的,且积水区域也较大。考虑到每年在 7～9 月处于灌溉的高峰季节,此时的蒸发量也相应较大,水分蒸发后,肥料积聚在地表,容易造成浪费和次生污染,上述表明大流量不适合于红壤丘陵地区脐橙滴灌。

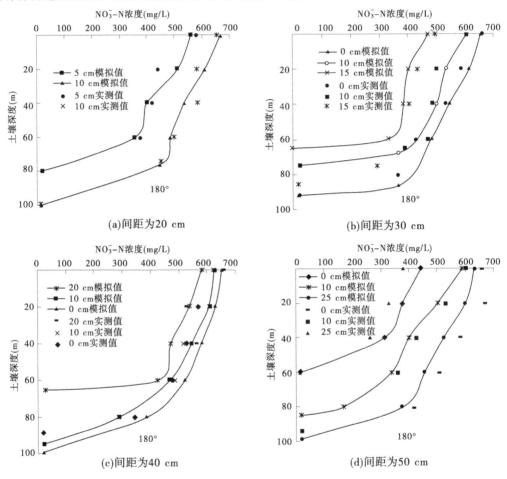

图 5-8　流量为 0.5 L/h 时$NO_3^- - N$实测值及模拟值

通过相对误差和 *NSE* 来分析 HYDRUS - 3D 模型对多点源滴灌后$NO_3^- - N$迁移分布模拟效果,各流量下平均相对误差分别为 9.6%、10.2%、11.5% 时,流量为 2 L/h 模拟值与实测值误差最大。流量越小,HYDRUS - 3D 模型的模拟精度越高,模型对田间滴灌溶质迁移的模拟精度低于室内条件下的。与含水率的模拟出现误差的原因相同,田间土壤的空间差异性以及人类和生物活动影响到模拟的准确性。

不同流量间距时的模拟值与实测值 *NSE* 如表 5-4 所示,由表 5-4 可见,HYDRUS - 3D

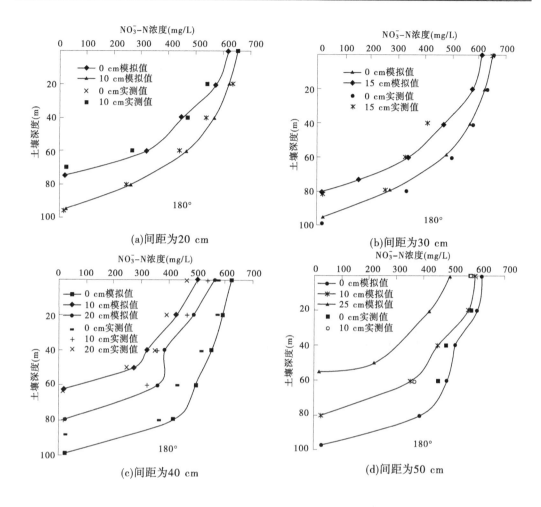

图 5-9 流量为 1 L/h 时 $NO_3^- - N$ 实测值及模拟值

模型总体上可以模拟出 $NO_3^- - N$ 的迁移分布规律,模型的 *NSE* 均在 0.85 以上。流量越大、间距越小,*NSE* 值越低,模型的模拟效果越差。流量为 2 L/h、间距为 20 cm 时的 *NSE* 值最低,为 0.851。模型模拟过程中溶质迁移是一个积水入渗的三维过程,而实际试验中大流量小间距时出现严重的地表径流现象。对于田间试验,模拟参数及水动力弥散系数的选取也是影响模拟精度的因素。

表 5-4 不同流量间距时 $NO_3^- - N$ 模拟值与实测值 *NSE*

流量(L/h)	间距(cm)			
	20	30	40	50
0.5	0.908	0.915	0.941	0.957
1	0.872	0.919	0.951	0.953
2	0.851	0.907	0.931	0.944

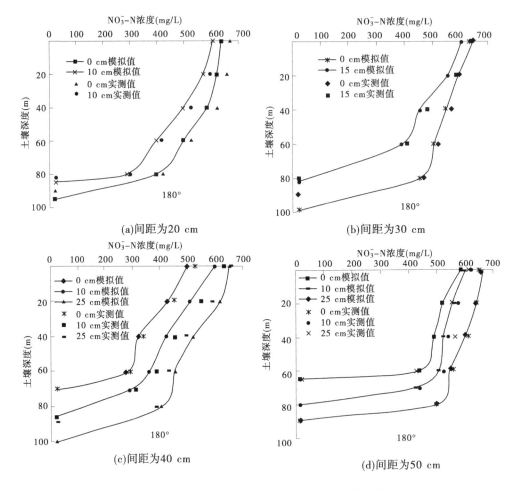

图 5-10　流量为 2 L/h 时 $NO_3^- - N$ 实测值及模拟值

5.4　室内试验与田间试验模拟参数选取分析

采用 HYDRUS – 3D 软件分别进行了室内和田间滴灌含水率及 $NO_3^- - N$ 分布状况模拟,结果表明,模型具有较高的精度,可以用于预测红壤滴灌的水肥运移分布。HYDRUS 软件模拟过程中主要包括建立模型、水力参数、溶质参数确定等内容。模型的建立按照实际几何尺寸,水力参数中土壤水分特性的 VG 模型参数室内和田间的均可以通过实测土壤容重、颗粒级配,以及饱和导水率后,通过 VG 模型拟合得到其他相关参数。田间和室内试验水力参数饱和导水率田间值高于室内一个数量级,其他各参数为同一数量级,室内试验参数可以应用于田间试验模拟中。考虑到田间土壤环境空间分布的差异性及动植物生活生长等引起的土壤大孔隙现象,田间模拟参数选取应略大于室内条件下。

HYDRUS – 3D 模型针对红壤室内田间滴灌溶质迁移模拟中,其对流 – 弥散方程中水动力弥散系数的选取存在差异。由于弥散系数的分形效应,田间环境中的土壤介质非均匀分布和空间变异性导致水动力弥散系数存在空间尺度效应。分析认为红壤地区田间水动力弥散系数高于室内条件下 3 个数量级,纵向弥散度高于横向弥散度一个数量级。

5.5　田间滴灌设计参数合理取值确定

通过研究红壤丘陵区田间多点源滴灌入渗湿润体的形状、水分运动及分布、$NO_3^- - N$的迁移分布等规律,分析认为在田间试验中滴头的流量和间距对水肥运移有较大的影响。相同间距下流量越大,交汇入渗后湿润体的交汇区域也较大。比较其他间距的湿润体大小,间距 20 cm 的湿润体最小,滴灌过程中流量变大时出现严重的地表积水现象,地表 30 cm 范围内的含水率和$NO_3^- - N$含量超高,造成水肥流失、脐橙根系附近水肥较少等现象,结合室内试验认为该间距不利于脐橙滴灌。滴头间距为 30 cm 时,试验后湿润体交汇的深度随着流量的增加而增加,流量为 2 L/h 时交汇区域达到最大,相比于间距为 40 cm 和 50 cm 的试验,入渗结束后形成的湿润体形状较小,分析认为该间距设计下的滴灌湿润带过于狭窄,加之在 2 L/h 流量时地表出现了较为严重的积水现象,不利于作物根系汲取水分和养分,并造成无效蒸发。滴头间距为 40 cm 时,交汇入渗后湿润体的范围较广,交汇区域的范围随着流量的增加而变大,2 L/h 湿润体形状和交汇区域均达到最大,受到入渗率的制约,该流量入渗后期出现了严重积水,水分不能及时入渗到土体内;流量为 1 L/h 其湿润体范围和交汇区域大小以及各点处含水率和$NO_3^- - N$均优于其他间距。滴头间距 50 cm 时湿润体的范围分布较广,有利于形成较大范围的湿润带,但是 3 个流量下的交汇范围均比较小,容易形成水肥供给的空白区域。综合上述分析认为,在田间试验中最佳的滴灌流量为 1 L/h,滴头间距为 40 cm。

5.6　本章小结

本章在通过在红壤丘陵地区的田间试验,研究了多因素影响下水肥一体化多点源滴灌交汇入渗后湿润体的形状、水分运动及湿润体内含水率、$NO_3^- - N$ 分布规律;结合商业化软件 HYDRUS - 3D 对交汇入渗湿润体内含水率和$NO_3^- - N$运移分布进行了模拟。得到以下主要结论:

(1)田间试验滴头流量和间距对交汇入渗后的湿润体及交汇区域大小有较大的影响,流量相同时,湿润体大小按照间距排序为 50 cm > 40 cm > 30 cm > 20 cm。间距相同时,流量对湿润体大小影响的排序为 2 L/h > 1 L/h > 0.5 L/h。多滴头形成的交汇区域的大小在流量相同时,间距越大,交汇越少;间距相同时,流量越高,交汇范围越多。

(2)多点源滴灌水分的运动溶质迁移分布受到滴头间距和流量的影响较大,各因素影响下的交汇入渗试验,在湿润体内间距相同时,流量越大,同一位置处的含水率和$NO_3^- - N$越高。流量相同时,间距越大,含水率和$NO_3^- - N$运移分布范围越广,间距为 20 cm 时受到流量和间距影响较小,在交汇面处的含水率和$NO_3^- - N$含量差异不明显。各流量间距下,湿润体内距地表 20 cm 范围内的含水率和$NO_3^- - N$含量超高,不利于根系吸取水分养分。

（3）HYDRUS－3D 模型能够较好地模拟出多点源交汇入渗后含水率和$NO_3^- - N$的运移分布规律,受到土壤空间差异性以及建模过程中模型参数的选择等因素的影响,模型对田间试验的模拟误差大于室内试验。模型的模拟误差均受到流量和间距的影响,流量为 2 L/h、1 L/h、0.5L/h 时对含水率的模拟最大误差分别为 10.2%、9.8%、9.2%,对$NO_3^- - N$的模拟最大误差分别为 11.5%、10.2%、9.6%;流量越大,误差越大。不同间距流量下模型的 NSE 值均在 0.85 以上,表明模型有很好的可信度;流量相同时间距越大,模拟准确性越好。

（4）综合分析红壤丘陵区域田间多点源滴灌交汇入渗试验后湿润体形状、含水率和$NO_3^- - N$ 运移分布状况,认为在该区域最适合于滴灌设计的流量为 1 L/h,滴头间距为 40 cm。

第6章　脐橙滴灌高效节水项目建设后评价

6.1　脐橙滴灌设计概况

基于上述几章的研究结果,认为适合红壤丘陵地区脐橙滴头的最佳间距为 40 cm,灌水量为 1 L/h,依据此技术参数指导江西省寻乌县 2014~2016 年《江西省寻乌县晨光果园节水灌区高效节水工程实施方案》《江西省寻乌县留车果园节水灌区高效节水工程实施方案》《江西省寻乌县澄江果园节水灌区高效节水工程实施方案》等脐橙滴灌设计。为了甄别和验证试验得到的技术参数是否适合红壤丘陵地区脐橙滴灌,以寻乌县晨光镇脐橙果园滴灌工程为对象,划分不同的灌溉片区(片区的划分原则为一个自然村或者一个农户控制的区域为主),按照片区不同进行滴头间距的设计,选定的灌溉片区情况如表 6-1 所示,项目区位置如图 6-1 所示。经过调查,所划定的片区剖面容重、种植情况基本相同,所以不考虑容重等因素的影响。设计的滴头间距分别为 20 cm、30 cm、40 cm、50 cm,间距为 60 cm 的室内外试验证明不符合红壤滴灌设计,所以本次设计中没有采用。不同滴头间距灌溉片区管道布置图如图 6-2 所示。灌溉施肥量按照第 5 章田间试验设计确定。依据试验参数设计实施滴灌工程,目的在于通过该项目的实施,结合项目建设后评价的理论和方法来对实施效果进行评价。从用水协会、农户、脐橙品质、产量等多方面对所设计的滴灌技术参数进行评价,从而根据评价结果分析所得出的最优技术参数能否带来脐橙的高产优产,是否适合当地脐橙灌溉。

表 6-1　评价灌溉片区基本情况

灌区名称	水源	设计脐橙灌溉面积(亩)	脐橙亩均产量(t)	亩均劳力需要量	供水方式	滴头间距(cm)	说明
大仙背	寻乌河	433	1.73	1.5	提灌	20	
岭背	寻乌河	652	1.86	1.3	自流灌溉	30	各片区均选择其中 5 亩实施,其他按照间距 40 cm 设计
竹背	寻乌河	257	1.80	1.9	提灌	40	
黄坑	山间小溪	231	1.77	1.7	提灌	50	

图 6-1 项目区位置

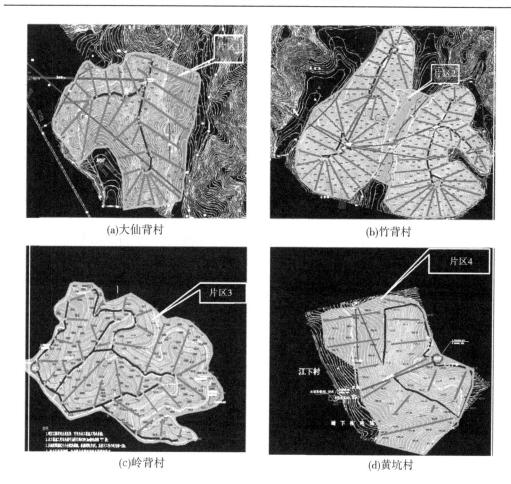

(a)大仙背村　　　　　　　　　　(b)竹背村

(c)岭背村　　　　　　　　　　(d)黄坑村

图 6-2　4 个不同滴头间距灌溉片区管道布置

6.2　脐橙滴灌高效节水工程后评价指标体系的建立

结合水利工程建设项目后评价的理论体系,对采用不同滴头间距后的脐橙果园节水改造工程进行评价。从南方红壤丘陵地区水利建设项目的特点出发,引入世界银行项目后评价的相关理念,结合我国的现行灌区规划设计标准,针对节水改造项目的目标和任务,建立了红壤丘陵地区脐橙滴灌高效节水工程后评价指标体系。首先,确定所建立各指标在总评价体系中的权重。权重的大小取决于各指标在整个评价体系中的重要程度及评价者对该指标是否重视,是主观认为和客观评价指标相对重要程度的综合衡量。权重赋值关系到评价结果的有效性、科学性和客观性,所以权重赋值方法的选择显得尤为重要。本研究中运用层次分析法确定节水改造项目后评价的指标初始权重。然后,根据模糊数学的隶属度理论把定性评价转化为定量评价,利用模糊数学对不同滴头间距、滴头流量等多种因素制约的脐橙滴灌高效节水工程效果做出一个总体的评价,为脐橙滴灌高效节水工程滴头间距、灌溉施肥量设计提供参考。

6.2.1　水利工程建设项目后评价指标建立的原则

指标体系的构建关系到评价结果的准确性和合理性,是评价成败的关键。所以结合本次评价的目的在于指标确立应遵循科学性、全面性、可行性等原则。

6.2.1.1　科学性和针对性原则

评价指标既能够科学客观地反映出脐橙滴灌各片区的现有基础和条件,又能立足长远,考虑到评价结果能够指导该区域其他片区类似工程的设计实施,所以评价指标要概念明确、简洁。脐橙滴灌节水工程指标体系的确立既要考虑到项目的普遍性,还要体现出脐橙滴灌的灌溉制度进行情况、灌溉效果、适应性等具体情况。

6.2.1.2　全面性和独立性原则

水利建设项目涉及生态、环境、经济、民生等多方面的因素,项目建成后能否发挥作用,以及效果如何均需要在评价指标中体现出来。同时指标之间又要有独立性、指标边界区分明显不相互包含,考虑到区域的差异性,不重复并能够体现出小型节水工程建设项目的特点。

6.2.1.3　可行性与层次性原则

一方面,指标设定后其数据的采集要方便、易于获取,操作性强。另一方面,指标体系的构建要层次分明,目标明确,相互衔接,以便于可以系统地翻译出工程建设后的效果和不足。

6.2.2　评价指标体系的构建

国内外水利工程建设项目后评价的指标体系没有具体的规定和要求,一般构建项目后评价的指标体系,应按照项目逻辑框架构架,从项目的投入、产出、直接目的 3 个层面出发,将各层次的目标进行分解,落实到各项具体指标中。目前,在灌区改造的后评价中王书吉、陈岩、Ning 等建立了相应的指标体系,涵盖了政治、技术、经济、资源、环境和社会等众多问题。本章在参照已有研究成果的基础上,结合本次后评价的目的制定出相应的评价体系。

此项目后评价的目的在于通过脐橙滴灌高效节水工程的实施,对比参照试验结果来设计滴灌的滴头间距等滴灌技术参数的效果进行评价,并协助试验研究优选出最适合红壤丘陵地区脐橙滴灌的最佳技术参数。所以,评价的目标明晰,在指标选择中按照这个目标的完成来建立支撑体系。该指标体系的目标层一个,综合项目建设对社会、经济等方面的影响,确立项目建设过程及完成情况、经济效益、节水效益、运行管护等 4 个一级指标,对应一级指标考虑到节水改造工程的要求确立 12 个二级指标,具体如表 6-2 所示。指标体系方案为不同的滴头间距设计即 20 cm、30 cm、40 cm、50 cm。

表 6-2　脐橙滴灌节水改造工程评价体系

目标	一级指标	二级指标	属性	方案
脐橙滴灌的最佳技术参数	项目建设过程及完成情况	工程施工质量合格率	定量	4 个不同的滴头间距及所设灌溉施肥量
		首部枢纽管道工程完成率	定量	
		施工的难易程度	定性	
		工程建设周期	定量	
	经济效益	各片区脐橙产量增加值	定量	
		农业生产能力提高率	定量	
		脐橙品质提高率	定量	
		电能耗用量	定量	
		肥料节约率	定量	
	节水效益	灌溉水利用系数提高率	定量	
		水资源节约量	定量	
		灌溉保证率	定量	
	运行管护	农民用水协会管理灌溉面积比重	定量	
		农户使用感受	定性	
		节约人力资源量	定量	

6.2.3　脐橙滴灌高效节水工程评价指标定义

　　水利建设项目后评价指标体系中囊括工程技术、社会、经济、生态以及工程管理等多方面内容。指标不同,性质和特点也不同,对评价结果的影响也不同。指标属性有所差异,定性指标没有数值。定量指标需要计算其数值,但是由于指标间的量纲不同,指标间也没有可比性,还须采用一定的方法进行处理,才能用于评价。定性指标需要具体评价的对象说明其性质和在评价中的作用,定量指标则更具评价对象的情况计数其数值。

6.2.3.1　项目建设过程及完成情况评价指标

　　这个一级指标包含 4 个二级指标,直接反映出高效节水改造工程在施工过程中以及竣工后是否达到设计要求、工程质量的好坏对项目区的覆盖度等方面的内容。所要评价的对象即寻乌县晨光镇所属的几个脐橙滴灌高效节水工程片区进行项目建设后评价,这项工程实施方案的设计于 2014 年初展开,前期进行了勘测测量,并绘制了 1∶2 000 的地形图,对水源、种植结构、生产效率、灌溉制度等内容进行了详细的调查。于 2014 年 9 月完成实施方案并通过审查,11 月正式动工,在 2015 年 3 月基本完工,个别灌区尾工后续完成。工程项目于 2015 年投入使用,评价所使用的数据为项目运行一年后 2016 年底收集的资料。

1.工程施工质量合格率

水利工程质量评价划分为单位工程、分部工程和单元工程进行检验评定,本研究把每个评价的灌溉片区作为一个单位工程进行工程施工质量评价,以分部工程的完成状况来衡量单位工程的施工质量。

$$工程施工质量合格率 = \frac{完成并验收合格的分部工程}{应该验收的分部工程} \times 100\%$$

2.首部枢纽管道工程完成率

脐橙滴灌高效节水工程主要是通过首部的泵及过滤施肥系统将水肥压到每个灌溉片区,然后设置干管、支管,其中干管沿着丘陵地区等高线布置在各灌溉片区的最高位置,支管接在干管上垂直于等高线布置。脐橙沿着等高线按照梯田结构种植,每一条梯田宽度3 m左右,滴灌带接在支管上沿着梯田布置,在每个脐橙根系周围按照设计间距安装滴头。由此可见,首部枢纽及灌溉管道的完成情况,影响着脐橙的滴灌。以竣工验收时首部枢纽、各级管道以及滴头的安装完成情况来衡量该指标。

$$首部枢纽管道完成率 = \frac{首部枢纽及管道实际完成情况}{设计要求完成情况} \times 100\%$$

3.施工的难易程度

这是一个定性指标,没有办法通过数据来衡量,管道的施工不同于其他水利工程施工,脐橙灌溉工程施工存在点多面广、施工条件差等情况,所以其施工的难易程度关系到滴灌在脐橙灌溉中的推广,其难易程度通过调查现场施工管理人员的实际反映来定性该指标。

4.工程建设周期

脐橙属于芸香科常绿小乔木,小枝无毛。果实当年成熟,果实膨大期在4~9月,11月果实成熟。工程建设的周期影响到脐橙的灌溉,对产量和品质有较大的影响,以项目设计要求的完成时间和实际完成时间来对比。

$$工程建设周期 = \frac{设计要求完成时间}{实际完工时间} \times 100\%$$

6.2.3.2　经济效益

脐橙滴灌高效节水工程项目实施的目的是让种植在丘陵地区的脐橙得到更好的灌溉,从而在产量和品质上得到提升。通过滴灌节水工程的实施来提高脐橙种植的经济效益,该指标涵盖5个二级指标。

1.各片区脐橙产量增加值

脐橙灌溉以增加产量为目的之一,以常规提水浇灌产量为参照,不同滴头间距的产量为对比,分析滴头间距对产量的影响,产量以亩均产量为准。

$$脐橙产量增加值 = \frac{不同滴头间距下的脐橙产量}{提水浇灌产量} \times 100\%$$

2.农业生产能力提高率

相比于以前提水浇灌丘陵地区的脐橙,滴灌高效节水工程实施后极大地减轻了农民的负担,提高了农业生产率,农户对脐橙的灌溉水量控制主要是看脐橙根系附近是否均被湿润,以项目实施前亩均农业劳力的需要为基础,将不同滴头间距设计后对农业劳动力的需要与之比较。

$$农业生产能力提高率 = \frac{不同滴头间距所需农业劳动力}{提水浇灌农业劳力需求量} \times 100\%$$

3.脐橙品质提高率

江西省赣南地区属于脐橙集中种植区域,本区域常会出现季节性干旱的现象,每年的6~8月会出现降雨较少或者不降雨的现象,影响脐橙灌溉,其品质受到影响。脐橙品质主要以含糖量和果粒粒径为监测指标。

$$脐橙品质提高率 = \frac{不同滴头间距脐橙品质}{提水浇灌脐橙品质} \times 100\%$$

4.电能耗用量

在项目实施之前,脐橙滴灌主要靠挑水灌溉或者引山上的自流水,不需要电能,而采用滴灌后,水泵需要消耗电能,以不同滴头间距设计的灌溉片区消耗的电能为基础,进行统计分析。

5.肥料节约率

滴灌后实施水肥一体化灌溉技术,在实施之前采用的是表层人工施肥的方式。滴灌技术实施后,极大地提高了肥料利用率,该指标以传统的表层施肥方式为基础,将不同滴头设计后的施肥量与之对比。

$$肥料节约率 = \frac{不同滴头间距施肥量}{传统的施肥量} \times 100\%$$

6.2.3.3　节水效益

这个一级指标反应出项目实施前、后节约水资源的能力,不同的滴头间距设计水资源的消耗量不同,从3个二级指标来评价这个目标。

1.灌溉水利用系数提高率

灌溉水利用系数是指在一次灌水期间被农作物利用的净水量与水源处总引进水量的比值。该系数综合反映出水资源的利用效率,从传统的挑水或者引水灌溉变成管道灌溉,水资源得到了节约,本次评价中以实施前的灌溉水利用系数为基础,不同滴头设计下灌溉水利用系数与之对比。

$$灌溉水利用系数提高率 = \frac{不同滴头间距灌溉水利用系数}{实施前灌溉水利用系数} \times 100\%$$

2.水资源节约率

滴灌项目实施后提高了水资源利用率,将传统的地面灌溉或者漫水灌溉改为局部灌溉,并可以湿润到土壤深处。以实施前的灌溉定额为基础,不同滴头设计下灌溉定额与之对比。

$$水资源节约率 = \frac{不同滴头间距灌溉定额}{实施前灌溉定额} \times 100\%$$

　　3.灌溉保证率

　　考虑到脐橙种植区常出现季节性干旱的现象,项目的实施目的就是提高该区域的灌溉水资源的需求量。由于该指标主要与水资源的供给量和灌溉系统的运行效果有关,直接按照设计值计算。

6.2.3.4　运行管护

　　项目实施后,能否达到预期效果与后期的维修养护有紧密的关系。滴灌灌溉技术,对管护要求较高,水质、压力、管道损坏等都会影响到其功能的发挥,指标从 3 个二级指标反映其重要性。

　　1.农民用水协会管理灌溉面积比重

　　赣南脐橙种植大部分按照各自然村或各行政村所成立的农民用水协会来管理,还有一部分农户自己管理,还有些特例就是某片区被某个种植公司承包统一管理。被农民用水协会或者种植公司管理的灌溉区域,能够按照设定的灌溉制度来进行灌溉,灌溉系统也会得到较好地维修养护。

$$农民用水协会管理灌溉面积比重 = \frac{各灌溉片区得到管理的面积}{各灌溉片区种植面积} \times 100\%$$

　　2.农户使用感受

　　这是一个定性指标,主要用实地问卷调查的方式得到结果。调查内容为在实施项目前农户主要的灌溉方式、项目实施后农户的感受,以及结合自己在生产实践中的应用选择较好的滴头间距和灌溉施肥量。

　　3.节约人力资源量

　　项目实施前,丘陵地区的脐橙灌溉主要以挑水灌溉为主,需要大量的劳力,以亩均人力需求量为基础,将实施后亩均人力量与之对比。

$$节约人力资源量 = \frac{不同滴头间距亩均人力量}{实施前亩均人力需求量} \times 100\%$$

6.2.4　指标的标准化处理

　　脐橙滴灌高效节水工程项目后评价体系中涵盖多方面不同的一级、二级指标,按照以上所述,有些指标为定量指标,有些为定性指标。定量指标量纲不同、数量级也不同。指标标准化处理的过程就是将定量指标消除量纲、定性指标量化,并将这些指标转化为无量纲、无数量级差别的标准分,以便用于模型的评价中。

　　评价指标定量数据的收集是通过采集工程实际数据或实地测算得到的,定性指标通过问卷调查的形式获得,指标计算完成后需要进行标准化处理,有以下几种处理方式。

6.2.4.1　定量指标的无量纲化

　　评价指标 $x_1, x_2, \cdots, x_m$ 因为量纲的不同,存在着数量级的差异,这样计算出来的结果不能进行直接地比较;为了消除指标因为量纲不同而引起的数量级的差异,需要进行无量纲化的处理。指标的无量纲化,是通过数学处理来消除数值的量纲,使得指标规范标准。目前常使用的方法有标准化处理法、极值处理法、归一化处理法等。

1.标准化处理法

$$x_{ij} = \frac{x_{ij} - \overline{x}_j}{s_j} \tag{6-1}$$

式中,$\overline{x}_j$,$s_j(j = 1,2,\cdots,m)$ 分别为第 j 项指标观测值的(样本)平均值和(样本)均方差;x_{ij} 为标准观测值。

该方法的特点是:样本平均值为 0,方差为 1,区间不确定,处理后各指标的最大值、最小值不相同;对于指标值恒定($s_j = 0$)或要求指标值 $x_{ij} > 0$ 的评价方法(如熵值法、几何加权平均法等)等情况不适用。

2.极值处理法

如果指标 $x_1,x_2,\cdots,x_m$ 中既有极大型指标、极小型指标,又有居中型指标或区间型指标,则须对评价指标进行一致化处理。

(1)极大型指标的处理。

$$x_{ij}^* = \frac{x_{ij} - \min\{x_{kj} \mid k = 1,2,\cdots,n\}}{\max\{x_{kj} \mid k = 1,2,\cdots,n\} - \min\{x_{kj} \mid k = 1,2,\cdots,n\}} \tag{6-2}$$

(2)居中型指标的处理。

对于居中型指标 x,令

$$x^* = \begin{cases} 2(x - m) , & m \leqslant x \leqslant \dfrac{m + M}{2} \\ 2(M - x) , & \dfrac{m + M}{2} \leqslant x \leqslant M \end{cases} \tag{6-3}$$

式中,m 为指标 x 的一个允许下界;M 为指标 x 的一个允许上界。

(3)极小型指标的处理。

$$x_{ij}^* = \frac{\min\{x_{kj} \mid k = 1,2,\cdots,n\} - x_{ij}}{\max\{x_{kj} \mid k = 1,2,\cdots,n\} - \min\{x_{kj} \mid k = 1,2,\cdots,n\}} \tag{6-4}$$

$$(i = 1,2,\cdots,n; j = 1,2,\cdots,m)$$

经过上述变换后得到的 x_{ij}^*,是原始数据 x_{ij} 的无量纲化值,消除了量纲的影响,$x_{ij}^* \in [0,1]$,且值越大,x_{ij}^* 指标性能越好。

$$s_j = \left[\frac{1}{n-1}\sum_{i=1}^{n}(x_{ij} - \overline{x}_j)^2\right]^{\frac{1}{2}} \quad (j = 1,2,\cdots,m) \tag{6-5}$$

$$\overline{x}_j = \frac{1}{n}\sum_{i=1}^{n}x_{ij} \quad (j = 1,2,\cdots,m) \tag{6-6}$$

3.线形比例法

$$x_{ij}^* = \frac{x_{ij}}{x_j'} \tag{6-7}$$

x_j' 为一特殊点,一般可取为 m_j,M_j 或 $\overline{x}_j$。

该方法的特点是:要求 $x_j' > 0$,当 $x_j' = m_j > 0$ 时,$x_{ij}^* \in [1, +\infty)$ 有最小值 1,无固定的最大

值;当 $x'_j = M_j > 0$ 时, $x_{ij} \in (0,1]$,有最大值 1,无固定的最小值;当 $x'_j = \overline{x}_j > 0$ 时, $x^*_{ij} \in (-\infty, +\infty)$,取值范围不固定, $\sum x^*_{ij} = n$ 。

4.归一化处理法

$$x^*_{ij} = \frac{x_{ij}}{\sum\limits_{i=1}^{n} x^*_{ij}} \tag{6-8}$$

该方法的特点是:此方法可看成是线性比例法的一种特例,要求 $\sum\limits_m x^*_{ij} > 0, x_{ij} \geqslant 0$ 时, $x^*_{ij} \in (0,1)$,无固定的最大值、最小值, $\sum x^*_{ij} = 1$ 。

5.向量规范法

$$x^*_{ij} = \frac{x_{ij}}{\sqrt{\sum\limits_{i=1}^{n} x^2_{ij}}} \tag{6-9}$$

该方法的特点是:当 $x_{ij} \geqslant 0, x^*_{ij} \in (0,1)$ 时,无固定的最大值、最小值, $\sum (x^*_{ij})^2 = 1$ 。

6)功效系数

$$x^*_{ij} = c + \frac{x_{ij}}{\sqrt{\sum\limits_{i=1}^{n} x^2_{ij}}} \tag{6-10}$$

$$x^*_{ij} = c + \frac{x_{ij} - m'_j}{M_j - m_j} \times d \tag{6-11}$$

式中, M_j, m'_j 分别为指标的满意值和不容许值; c, d 为已知正常数。

c 的作用是对变换后的值进行"平移", d 的作用是对变换后的值进行"放大(或缩小)",根据实际应用效果, c, d 通常为 $c = 60$, $d = 40$,则式(6-11)为

$$x^*_{ij} = 60 + \frac{x_{ij} - m'_j}{M_j - m_j} \times 40 \quad x^*_{ij} \in [60, 100] \tag{6-12}$$

该方法的特点是:更普遍意义下的一种极值处理法,取值范围恒定, x^*_{ij} 的最大值为 $c+d$,最小值为 c 。

6.2.4.2　定性指标的量化

本次评价的目的是得出脐橙滴灌高效节水最佳的滴头间距设计和灌溉施肥量。按照这个目的将评价的方案划分为优、良、中、差 4 个等级。按照指标归一化处理的要求,这 4 个等级的赋值分别为 1~0.8, 0.79~0.6, 0.59~0.4, 0.39~0。对于定性指标,首先通过问卷调查的形式对指标进行评价,问卷对象包括用户、农民用水协会和当地主管水利的部门,以及水利行业的专家等方面的人员或机构负责人;其次结合问卷调查情况对指标进行赋值。

本次评价的二级指标为一级指标的诠释和完善,所以二级指标的取值是评价成败的关键,对二级指标的赋值按照上述的定义收集相关的资料,进行计算。对计算结果进行标准化处理,以便于应用到评价模型中。各二级指标标准化处理结果见表 6-3。

表 6-3　脐橙滴灌高效节水工程项目后评价体系指标标准化处理结果

指标	灌溉片区			
	大仙背	竹背	岭背	黄坑
工程施工质量合格率	0.931	0.953	0.962	0.915
首部枢纽管道工程完成率	1.000	1.000	1.000	0.960
施工的难易程度	0	0	0	0
工程建设周期	0.931	1.000	0.955	0.983
各片区脐橙产量增加值	0.395	0.551	0.452	0.507
农业生产能力提高率	0.855	0.878	0.835	0.877
脐橙品质提高率	0.531	0.572	0.503	0.615
电能耗用量	0.961	0.833	0.959	0.937
肥料节约率	0.385	0.357	0.316	0.388
灌溉水利用系数提高率	0.853	0.895	0.901	0.878
水资源节约量	0.121	0.155	0.167	0.178
灌溉保证率	0.900	0.900	0.900	0.900
农民用水协会管理灌溉面积比重	1.000	1.000	1.000	1.000
农户使用感受	0.833	0.921	0.896	0.873
节约人力资源量	0.356	0.397	0.317	0.325

6.3　基于 AHP-FCE 模型的构建

综合分析评价各模型的优劣,本文采用 AHP-FCE 集成综合评价法对脐橙滴灌高效节水工程建设项目进行后评价。AHP-FCE 综合评价法通过应用 yaahp 开发的 V11.1_6399 软件来完成对脐橙滴灌节水项目的评价,具体过程的步骤为:

(1)制定好评价对象的目标。

(2)分解目标,形成评价指标,对指标的描述可以细化,并最终构建层次模型。

(3)利用所建立的层次模型生成 AHP 问卷,并邀请专家参与调查问卷。

(4)收集并统计问卷调查的结果,并结合指标的定量计算结果,得到各评价指标对目标的权重。

(5)以层次分析法建立的评价指标的二级指标作为方案层,生成 FCE 问卷。

(6)收集统计问卷调查结果。

(7)根据问卷调查结果和 AHP 所得到的权重,计算各被测对象的综合评价结果,完成评价。

以上评价过程是建立在 AHP 和 FCE 建模的基础上完成评价的,所以首先要建立 AHP 和 FCE 评价模型,建模过程如下文所述。

6.3.1　AHP 法分配模型的建立

层次分析法的基本原理是根据问题的性质和要达到的总目标,将问题分为不同的组成因素,并按照因素间的影响关系及隶属关系将因素按不同层次划分组合,形成一个多层次的分析结构模型,将研究的问题归结为供决策的方案、措施等相对于目标层的相对重要权重的确定或相对优劣次序的排定。建模步骤包括以下几个方面。

6.3.1.1　建立层次结构模型

首先将决策的目标、因素、对象按照相互关系进行归类分层,划分出决策目的和解决问题的最高层,实施准则层或需要考虑各因素的中间层,以及各备选方案的最低层,并绘制出层次结构图。结构图中一般只有一个最高层;中间层可以选用某种措施方案和政策来实现预定目标所涉及的中间环节,根据需要可设置为一层或多层;最低层表示可以采取多个方案来解决问题。

层次分析法主要是计算最低层对目标层相对权重的问题,方案层中各备选方案的排序是按照权重来确定的。

6.3.1.2　构造判断矩阵

考虑到 AHP 在确定各层次、各因素之间的权重过程中,如果只简单给出定性的评价结果,由于说服力不足,不易被决策者采用。Santy 等提出采用判断矩阵的形式,把同一因素下的指标两两相互比较,针对上一层的某个指标在同一层上进行两两比较,对比时采用相对尺度,从而减少性质不同的因素相互比较的困难,进而提高准确性,形成判断矩阵。

设某一指标层有 n 个因素,即 $X = \{x_1, x_2, \cdots, x_n\}$。要比较它们对上一层目标的影响程度,衡量在该层中相对于某一指标所占的比重。上述比较是两两因素之间进行的,比较时相对重要标度取 1、3、5、7、9,如表 6-4 所示。用 a_{ij} 表示第 i 个因素相对于第 j 个因素的比较结果,则

$$a_{ij} = \frac{1}{a_{ji}}, \quad A = (a_{ij})_{n \times n} = \begin{pmatrix} a_{11} & a_{12} & \cdots & a_{1n} \\ a_{21} & a_{22} & \cdots & a_{2n} \\ \vdots & \vdots & \vdots & \vdots \\ a_{n1} & a_{n2} & \cdots & a_{nn} \end{pmatrix} \quad (6\text{-}13)$$

式中,矩阵 A 称为成对比较矩阵。

表 6-4　判断矩阵标度法

尺度	含义
1	第 i 个因素与第 j 个因素的影响相同
3	第 i 个因素比第 j 个因素的影响稍强
5	第 i 个因素比第 j 个因素的影响强
7	第 i 个因素比第 j 个因素的影响明显
9	第 i 个因素比第 j 个因素的影响绝对的强

注:2、4、6、8 表示第 i 个因素相对于第 j 个因素的影响介于上述两个相邻等级之间。

6.3.1.3　层次单排序及一致性检验

层次单排序:确定低一层各因素对上层某因素影响程度的过程。用权值表示影响程度,某一项目所含因素分别记为 $w_1, w_2, \cdots, w_n$。

则可得成对比较矩阵
$$A = \begin{bmatrix} 1 & \dfrac{w_1}{w_2} & \cdots & \dfrac{w_1}{w_n} \\ \dfrac{w_2}{w_1} & 1 & \cdots & \dfrac{w_2}{w_n} \\ \vdots & \vdots & \vdots & \vdots \\ \dfrac{w_n}{w_1} & \dfrac{w_n}{w_2} & \cdots & 1 \end{bmatrix} \tag{6-14}$$

由矩阵可以看出,

$$\frac{w_i}{w_j} = \frac{w_i}{w_k} \cdot \frac{w_k}{w_j} \tag{6-15}$$

即
$$a_{ik} \cdot a_{kj} = a_{ij} \quad (i, j = 1, 2, \cdots, n)$$

在正互反矩阵 A 中,若 $a_{ik} \cdot a_{kj} = a_{ij}$,则称 A 为一致阵。

一致阵的性质可表述为, $a_{ij} = \dfrac{1}{a_{ji}}$, $a_{ii} = 1$ $(i, j = 1, 2, \cdots, n)$, A^T 也是一致阵, A 的各行成比例,则 $\operatorname{rank}(A) = 1$, A 的最大特征根(值)为 $\lambda = n$,其余 $n-1$ 个特征根均等于 0; A 的任一列(行)都是对应于特征根 n 的特征向量。

对比矩阵对应于最大特征根 n 的归一化特征向量 $\{w_1, w_2, \cdots, w_n\}$,且 $\sum_{i=1}^{n} w_i = 1$, w_i 表示下层第 i 个因素对上层某因素影响程度的权值。若成对比较矩阵不是一致阵,则用最大特征根对应的归一化特征向量作为权向量 w,权向量的确定采用特征根法,即

$$Aw = \lambda w w = \{w_1, w_2, \cdots, w_n\} \tag{6-16}$$

式中, n 阶互反阵 A 的最大特征根 $\lambda \geqslant n$。当且仅当 $\lambda = n$ 时, A 为一致阵。

对应于判断矩阵最大特征根 $\lambda_{\max}$ 的特征向量,经归一化后记为 W。 W 的元素为同一层次指标对于上一层次某归属指标相对重要性的排序权值,这一过程称为层次单排序。

能否确定层次单排序,需要进行一致性检验,所谓一致性检验是指对 A 确定不一致的允许范围。

一致性检验中,假定 n 阶一致阵的唯一非零特征根为 n, n 阶正互反阵 A 的最大特征根 $\lambda \geqslant n$,当且仅当 $\lambda = n$ 时 A 为一致阵。

由于 λ 连续地依赖于 α_{ij},则 λ 比 n 大的越多, A 的不一致性越严重,用最大特征值对应的特征向量作为被比较因素对上层某因素影响程度的权向量,其不一致性程度越大,引起的判断误差越大,因而可以用 $\lambda - n$ 数值的大小来衡量 A 的不一致程度。

一致性指标定义为

$$CI = \frac{\lambda - n}{n - 1} \tag{6-17}$$

式(6-17)中 $CI = 0$,有完全的一致性; CI 接近于 0,有满意的一致性; CI 越大,越不一致。为衡

量 CI 的大小,引入随机一致性指标 RI。对于随机构造 500 个成对比较矩阵 $A_1, A_2, \cdots, A_{500}$,则可得一致性指标 $CI_1, CI_2, \cdots, CI_{500}$,随机一次性指标的 RI 值如表 6-5 所示。

$$RI = \frac{CI_1 + CI_2 + \cdots + CI_{500}}{500} = \frac{\frac{\lambda_1 + \lambda_2 + \cdots + \lambda_{500}}{500} - n}{n - 1} \qquad (6\text{-}18)$$

一致性比率 CR 定义为

$$CR = \frac{CI}{RI} \qquad (6\text{-}19)$$

当一致性比率 $CR = \dfrac{CI}{RI} < 0.1$ 时,矩阵 A 一致性程度较好,通过一致性检验,此时 A 的权向量可用其归一化特征向量。如果不通过检验则要重新构造矩阵 A,对 a_{ij} 加以调整。

表 6-5　随机一致性指标 RI

n	1	2	3	4	5	6	7	8	9	10	11
RI	0	0	0.58	0.90	1.12	1.24	1.32	1.41	1.45	1.49	1.51

6.3.1.4　层次总排序及其一致性检验

层次总排序是确定某一层所有指标对于总目标的相对重要性的排序权重过程,从最高层值至最低层值,各层次单排序的结果即为总排序,结构如图 6-3 所示。

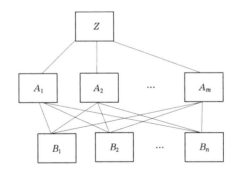

图 6-3　层次总排序结构图

B 层的层次总排序(见表 6-6)为

$B_1 : a_1 b_{11} + a_2 b_{12} + \cdots + a_m b_{1m}$,即 B 层第 B 个因素对应为 $B_2 : a_1 b_{21} + a_2 b_{22} + \cdots + a_m b_{2m}, \cdots,$ $B_n : a_1 b_{n1} + a_2 b_{n2} + \cdots + a_m b_{nm}$;总目标的权值为

$$\sum_{j=1}^{m} a_j b_{ij} \qquad (6\text{-}20)$$

6.3.1.5　层次总排序的一致性检验

设 B 层 $B_1, B_2, \cdots, B_n$,对上层(A 层)中因素 $A_j (j = 1, 2, \cdots, m)$ 的层次单排序一致性指标为 CI_j,随机一致性指为 RI_j,则层次总排序的一致性比率为

表 6-6　层次总排序法

B	$A_1, A_2, \cdots, A_m$ $a_1, a_2, \cdots, a_n$			B 层的层次总排序
B_1	b_{11}	b_{12}	b_{1m}	$\sum\limits_{j=1}^{m} a_j b_{1j} = b_1$
B_2	b_{21}	b_{22}	b_{2m}	$\sum\limits_{j=1}^{m} a_j b_{2j} = b_2$
$\vdots$	$\vdots$	$\vdots$	$\vdots$	$\vdots$
B_n	b_{n1}	b_{n2}	b_{nm}	$\sum\limits_{j=1}^{m} a_j b_{nj} = b_n$

$$CR = \frac{a_1\,CI_1 + a_2\,CI_2 + \cdots + a_m\,CI_m}{a_1\,RI_1 + a_2\,RI_2 + \cdots + a_m\,RI_m} \tag{6-21}$$

当 $CR < 0.1$ 时,认为层次总排序通过一致性检验,最后依据决策层的层次排序做出决策。

6.3.2　FCE 建模过程及步骤

模糊综合评价法基本原理是首先得出评价因素及相关因子,其次划分评价等级标准,然后应用模糊集合变换方法,用隶属度来界定各因素及因子的模糊关系,从而构造模糊评判矩阵,最后通过多层的复合运算,进而确定评价对象所属等级,具体步骤如下。

(1)确定评价因素和评价等级。

设定 $U = \{u_1, u_2, \cdots, u_m\}$ 为评价对象的 m 种因素下的评价指标;$V = \{v_1, v_2, \cdots, v_m\}$ 为每一个因素所处 n 个评价等级。本研究中,m 为评价因素的个数,由具体指标体系决定;n 为评价等级,一般划分为 3~5 个等级,本研究 n 取 3 个等级。

(2)构造评价矩阵。

首先对这些因素集中的单因素 $u_i (i = 1, 2, \cdots, m)$ 作单因素评价,从因素 u_i 着眼该事物抉择等级 $v_j (j = 1, 2, \cdots, n)$ 的隶属度为 r_{ij},这样就得出第 i 个因素 u_i 的单因素评判集:

$$r_{ij} = (r_{i1}, r_{i2}, \cdots, r_{in}) \tag{6-22}$$

这样 m 个这些因素的评价集就够造成一个总的评价矩阵 R,即每一个被评价对象确定了从 U 到 V 的模糊关系 R,它的一个矩阵为

$$R = (r_{ij})_{m \times n} = \begin{bmatrix} r_{11} & r_{12} & \cdots & r_{1n} \\ r_{21} & r_{22} & \cdots & r_{2n} \\ \vdots & \vdots & \vdots & \vdots \\ r_{m1} & r_{m2} & \cdots & r_{mn} \end{bmatrix} \tag{6-23}$$

式中,r_{ij} 为从因素 u_i 着眼,该评判对象能被评为 v_j 的隶属度($i = 1, 2, \cdots, m; j = 1, 2, \cdots, n$)。具体地说,$r_{ij}$ 表示第 i 个因素 u_i 在第 j 个评语 v_j 上的频率分布,一般将其归一化使之满足 $\sum r_{ij} = 1$。这样,R 矩阵本身就是没有量纲的,不需做专门处理。设定

$$B = AR = (a_1, a_2, \cdots, a_n) = \begin{pmatrix} r_{11} & r_{12} & \cdots & r_{1m} \\ r_{21} & r_{22} & \cdots & r_{2m} \\ \vdots & \vdots & \vdots & \vdots \\ r_{m1} & r_{m2} & \cdots & r_{nm} \end{pmatrix} = (b_1, b_2, \cdots, b_n) \qquad (6\text{-}24)$$

通常把模糊变换称为综合评价的数学模型,R 是一个 $m \times n$ 模糊矩阵。这样,在这里就存在两种模糊集,以主观赋权为例,一类是标志因素集 U 中各元素在人们心目中的重要程度的量,表现为因素集 U 上的模糊权重向量 $A = (a_1, a_2, \cdots, a_m)$;另一类是 $U \times V$ 上的模糊关系,表现为 $m \times n$ 模糊矩阵 R。这两类模糊集都是人们价值观念或者偏好结构的反应。A 是论域 U 上的模糊子集,即各评价因素的权重;而 B 是评价结果,它是论域 V 上的一个模糊子集,即模糊向量。

(3)R 的确定。

在这些评价指标中,就性质而言,存在两种性质的指标,一种为越大越优型指标,也就是极大型指标;另一种为越小越优型指标,也就是极小型指标。就量纲而言,有些指标是有量纲的,有些指标是无量纲的。由于模糊综合评判数学模型中 R 中的数据应为 $0 \sim 1$,因此应给定一个隶属函数,使各个评价指标值满足要求。

对于极大型指标

$$r_{ij} = \frac{x_{ij}}{x_{j\max}} \qquad (6\text{-}25)$$

对于极小型指标

$$r_{ij} = \frac{x_{j\min}}{x_{ij}}, x_{j\min} \neq 0 \qquad (6\text{-}26)$$

$$r_{ij} = 1 - \frac{x_{ij}}{x_{j\max}}, x_{j\min} = 0 \qquad (6\text{-}27)$$

式中,$x_{j\max}$,$x_{j\min}$ 分别为在 5 个灌区中第 j 个指标中的最大值与最小值。

(4)确定权重。

权重表示因素相对重要性大小的度量值。在常见的项目评价权重确定中,多采用主观臆测法,这种赋权法有时候会使得评价结果严重失真,可能会给决策者带来错误的信息。目前,确定权重的方法主要有多元统计分析法、层次分析法、Delphi 法、专家咨询法、熵值法等。层次分析法(AHP)具有较强的逻辑关系,可以考虑到客观实际,所以采用层次分析法进行权重的计算。

6.4 AHP-FCE 模型在脐橙滴灌节水项目中的应用

6.4.1 应用 AHP 建立层次结构模型并确定权重

6.4.1.1 建立层次结构模型

本书评价的目的是通过对脐橙滴灌高效节水工程项目后评价,对所设计的几个不同滴头间距的灌溉片区分别进行评价,根据评价结果优选出最佳的滴灌技术参数。评价指标体系已经建立,并且进行了赋值计算。分别确定目标层、中间层和方案层,对目标层进行分解后形成一级指标和二级指标,并在上述内容中进行了合理性分析和赋值。为了符合 FCE 模型评价的需要,yaahp V11.1_6399 软件中为了取得各级指标的权重将二级指标作为方案层来构建层次模型。建立的模型结构如图 6-4 所示。

6.4.1.2　构造判断矩阵并计算权重

4 个不同行政村的灌溉片区各自形成一套完整的评价体系,通过前期指标赋值,将结果代入到构建的层次结构模型中,进行计算。按照一致矩阵法原则,本层所控制的因素对应上一层同一目标形成两两对比的判断矩阵。判断矩阵计算过程中按照指标赋值,最底层指标两两之间比值按照表 6-4 的判断矩阵标度法进行标度,并将标度值代入到判断矩阵中作为初始数据,判断矩阵的计算方法采用幂法。计算结果进行一致性检验,并确定底层指标对上一层的权重。各灌溉片区判断矩阵及权重计算结果如表 6-7 ~ 表 6-10 所示。从表中可见 4 个灌溉片区的一级和二级指标所属的权重不尽相同,基本规律是一级指标中经济效益权重最大,超过总权重的 50%,说明滴头间距及灌溉施肥量等滴灌参数的选择对经济效益的影响最大。农户也是最看重该项目实施后对经济效益的推动作用,结合我国当前实施的脱贫攻坚计划,以及党中央提出的精准扶贫政策和对赣南苏区发展的支持,实施脐橙等产业高效节水工程项目有助于提高农民的经济效益,所以该项目是可行的。其他几个一级指标权重得分大致相同,表明这 3 个指标对脐橙滴灌的影响基本相同。二级指标中经济效益所属的 5 个二级指标占的比重较大,其中各片区脐橙产量增加值这个二级指标权重最大,其次是农业生产能力提高率,4 个灌溉片区反映出同样的结果。表明通过定量计算和定性问卷调查之后得到的指标赋值,经过判断矩阵计算后指标所占比重凸现出来;这两个指标分别体现出滴灌节水项目对脐橙产量和农业生产能力改善的效果。

总体而言,脐橙灌溉采用滴灌灌溉后其产量有了大幅度地提升,而滴灌灌溉系统地投入使用也大大地提高了农业的生产能力,将传统的挑水或者自流引水灌溉变为提水管道灌溉,可以直接将水源处的水输送到脐橙根系附近,使得脐橙的灌溉得到充足的保障,在任何生育期内都有充足的水肥供给,滴灌系统也减少了人力资源的消耗。所以,通过 AHP 建立的判断矩阵计算后这两个指标所占权重较大,与实际情况相似,说明该方法适合于脐橙滴灌高效节水项目各级指标权重的确定。

为了研究某个一级权重发生变化时,对二级指标权重会有什么样的影响,从而影响到总权重排序的问题,基于此对指标做一个敏感性分析,以大仙背村为例,其敏感性分析如表 6-11 ~ 表 6-14 所示。从 4 个表中可见,某项一级指标发生变化,引起所有二级指标权重发生相应的变动,而这个一级指标的权重增加对所属的二级指标有积极促进作用,对于其他二级指标则是抑制的。由此可见,在某个一级指标权重变化时会引起连锁反应,对其他指标权重也有较大的影响。所以,在实际评价过程中对指标赋值计算要科学合理,一旦某个指标的赋值计算不能够反映出实际情况,那么不光对该指标的权重计算有影响,也会波及到其他指标的权重,进而影响到整个项目的评价结果。

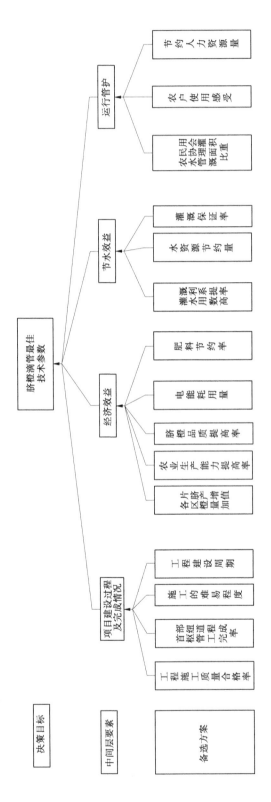

图 6-4 脐橙滴灌高效节水项目后评价层次结构

表 6-7 大仙背村脐橙滴灌项目 AHP 计算结果

目标	一级指标及判断矩阵计算结果				二级指标及判断矩阵计算结果			
	一级指标	权重	CR	λ$_{max}$	二级指标	权重	CR	λ$_{max}$
脐橙滴灌的最佳技术参数	项目建设过程及完成情况	0.110 3	0.097 3	4.163 3	工程施工质量合格率	0.009 9	0.063 9	4.170 7
					首部枢纽管道工程完成率	0.009 2		
					施工的难易程度	0.026 2		
					工程建设周期	0.063 0		
	经济效益	0.533 6			各片区脐橙产量增加值	0.223 7	0.098 0	5.439 1
					农业生产能力提高率	0.120 3		
					脐橙品质提高率	0.040 7		
					电能耗用量	0.078 1		
					肥料节约率	0.085 5		
	节水效益	0.152 7			灌溉水利用系数提高率	0.021 4	0.098 9	3.102 3
					水资源节约量	0.044 5		
					灌溉保证率	0.092 4		
	运行管护	0.203 4			农民用水协会管理灌溉面积比重	0.105 7	0.015 6	3.117 1
					农户使用感受	0.026 4		
					节约人力资源量	0.052 9		

表 6-8 岭背村脐橙滴灌项目 AHP 计算结果

目标	一级指标及判断矩阵计算结果				二级指标及判断矩阵计算结果			
	一级指标	权重	CR	λ_{max}	二级指标	权重	CR	λ_{max}
脐橙滴灌的最佳技术参数	项目建设过程及完成情况	0.107 5			工程施工质量合格率	0.011 6		
					首部枢纽组管道工程完成率	0.007 7	0.052 0	3.262 0
					施工的难易程度	0.026 4		
					工程建设周期	0.061 7		
	经济效益	0.526 7	0.099 6	4.265 8	各片区脐橙产量增加值	0.228 6		
					农业生产能力提高率	0.128 8		
					脐橙品质提高率	0.045 1	0.085 7	4.337 0
					电能耗用量	0.082 3		
					肥料节约率	0.082 6		
	节水效益	0.167 7			灌溉水利用系数提高率	0.016 4		
					水资源节约量	0.045 7	0.087 1	2.983 0
					灌溉保证率	0.094 0		
	运行管护	0.183 7			农民用水协会管理灌溉面积比重	0.102 1		
					农户使用感受	0.022 1	0.022 9	2.896 0
					节约人力资源量	0.041 0		

表6-9 竹背村脐橙滴灌项目 AHP 计算结果

目标	一级指标及判断矩阵计算结果				二级指标及判断矩阵计算结果			
	一级指标	权重	CR	λ_{max}	二级指标	权重	CR	λ_{max}
脐橙滴灌的最佳技术参数	项目建设过程及完成情况	0.098 7	0.099 6	4.265 8	工程施工质量合格率	0.009 9	0.083 0	4.221 6
					首部枢纽管道工程完成率	0.009 1		
					施工的难易程度	0.026 0		
					工程建设周期	0.062 5		
	经济效益	0.526 7			各片区脐橙产量增加值	0.229 1	0.097 9	5.438 6
					农业生产能力提高率	0.136 2		
					脐橙品质提高率	0.041 2		
					电能耗用量	0.079 0		
					肥料节约率	0.081 8		
	节水效益	0.167 7			灌溉水利用系数提高率	0.018 7	0.098 9	3.102 9
					水资源节约量	0.048 2		
					灌溉保证率	0.089 1		
	运行管护	0.183 7			农民用水协会管理灌溉面积比重	0.096 6	0.017 6	3.018 3
					农户使用感受	0.024 1		
					节约人力资源量	0.048 3		

表 6-10 黄坑村脐橙滴灌项目 AHP 计算结果

目标	一级指标及判断矩阵计算结果				二级指标及判断矩阵计算结果			
	一级指标	权重	CR	λ_max	二级指标	权重	CR	λ_max
脐橙滴灌的最佳技术参数	项目建设过程及完成情况	0.108 3	0.071 2	3.176 0	工程施工质量合格率	0.010 2	0.073 6	4.031 0
					首部枢纽工程管道工程完成率	0.007 2		
					施工的难易程度	0.036 2		
					工程建设周期	0.033 3		
	经济效益	0.548 3			各片区脐橙产量增加值	0.233 7	0.088 3	5.237 0
					农业生产能力提高率	0.130 3		
					脐橙品质提高率	0.051 7		
					电能耗用量	0.069 1		
					肥料节约率	0.085 5		
	节水效益	0.158 3			灌溉水利用系数提高率	0.021 3	0.073 6	4.369 0
					水资源节约量	0.041 5		
					灌溉保证率	0.091 3		
	运行管护	0.185 0			农民用水协会管理灌溉面积比重	0.112 8	0.022 8	3.021 6
					农户使用感受	0.022 1		
					节约人力资源量	0.033 9		

表 6-11　项目建设过程及完成情况敏感性分析

备选方案	权重变化	最小值	当前值	最大值
工程施工质量合格率	随"项目建设过程及完成情况"增加而增加	0.000 0	0.009 9	0.091 7
首部枢纽管道工程完成率	随"项目建设过程及完成情况"增加而增加	0.000 0	0.009 2	0.084 9
施工的难易程度	随"项目建设过程及完成情况"增加而增加	0.000 0	0.026 2	0.241 9
工程建设周期	随"项目建设过程及完成情况"增加而增加	0.000 0	0.063 0	0.581 5
各片区脐橙产量增加值	随"项目建设过程及完成情况"增加而减少	0.000 0	0.223 7	0.250 9
农业生产能力提高率	随"项目建设过程及完成情况"增加而减少	0.000 0	0.120 3	0.134 9
脐橙品质提高率	随"项目建设过程及完成情况"增加而减少	0.000 0	0.040 7	0.045 6
电能耗用量	随"项目建设过程及完成情况"增加而减少	0.000 0	0.078 1	0.087 6
肥料节约率	随"项目建设过程及完成情况"增加而减少	0.000 0	0.085 5	0.095 9
灌溉水利用系数提高率	随"项目建设过程及完成情况"增加而减少	0.000 0	0.021 4	0.024 0
水资源节约量	随"项目建设过程及完成情况"增加而减少	0.000 0	0.044 5	0.049 9
灌溉保证率	随"项目建设过程及完成情况"增加而减少	0.000 0	0.092 4	0.103 7
农民用水协会管理灌溉面积比重	随"项目建设过程及完成情况"增加而减少	0.000 0	0.105 7	0.118 6
农户使用感受	随"项目建设过程及完成情况"增加而减少	0.000 0	0.026 4	0.029 6
节约人力资源量	随"项目建设过程及完成情况"增加而减少	0.000 0	0.052 9	0.059 3

注：综合灵敏度指标：4.348 2；基本灵敏度指标：0.581 5；最佳方案发生变化，变化点数量：49。

表 6-12　项目经济效益敏感性分析

备选方案	权重变化	最小值	当前值	最大值
工程施工质量合格率	随"经济效益"增加而减少	0.000 0	0.009 9	0.022 0
首部枢纽管道工程完成率	随"经济效益"增加而减少	0.000 0	0.009 2	0.020 4
施工的难易程度	随"经济效益"增加而减少	0.000 0	0.026 2	0.058 0
工程建设周期	随"经济效益"增加而减少	0.000 0	0.063 0	0.139 5
各片区脐橙产量增加值	随"经济效益"增加而增加	0.000 0	0.223 7	0.408 0
农业生产能力提高率	随"经济效益"增加而增加	0.000 0	0.120 3	0.219 4
脐橙品质提高率	随"经济效益"增加而增加	0.000 0	0.040 7	0.074 1
电能耗用量	随"经济效益"增加而增加	0.000 0	0.078 1	0.142 5
肥料节约率	随"经济效益"增加而增加	0.000 0	0.085 5	0.156 0
灌溉水利用系数提高率	随"经济效益"增加而减少	0.000 0	0.021 4	0.047 4
水资源节约量	随"经济效益"增加而减少	0.000 0	0.044 5	0.098 5
灌溉保证率	随"经济效益"增加而减少	0.000 0	0.092 4	0.204 7
农民用水协会管理灌溉面积比重	随"经济效益"增加而减少	0.000 0	0.105 7	0.234 1
农户使用感受	随"经济效益"增加而减少	0.000 0	0.026 4	0.058 5
节约人力资源量	随"经济效益"增加而减少	0.000 0	0.052 9	0.117 0

注:综合灵敏度指标:4.574 6;基本灵敏度指标:0.408 0;最佳方案发生变化,变化点数量:55。

表 6-13　项目节水效益敏感性分析

备选方案	权重变化	最小值	当前值	最大值
工程施工质量合格率	随"节水效益"增加而减少	0.000 0	0.009 9	0.011 8
首部枢纽管道工程完成率	随"节水效益"增加而减少	0.000 0	0.009 2	0.010 9
施工的难易程度	随"节水效益"增加而减少	0.000 0	0.026 2	0.031 1
工程建设周期	随"节水效益"增加而减少	0.000 0	0.063 0	0.074 9
各片区脐橙产量增加值	随"节水效益"增加而减少	0.000 0	0.223 7	0.265 8
农业生产能力提高率	随"节水效益"增加而减少	0.000 0	0.120 3	0.143 0
脐橙品质提高率	随"节水效益"增加而减少	0.000 0	0.040 7	0.048 3
电能耗用量	随"节水效益"增加而减少	0.000 0	0.078 1	0.092 8
肥料节约率	随"节水效益"增加而减少	0.000 0	0.085 5	0.101 6
灌溉水利用系数提高率	随"节水效益"增加而增加	0.000 0	0.021 4	0.135 2
水资源节约量	随"节水效益"增加而增加	0.000 0	0.044 5	0.280 9
灌溉保证率	随"节水效益"增加而增加	0.000 0	0.092 4	0.583 9
农民用水协会管理灌溉面积比重	随"节水效益"增加而减少	0.000 0	0.105 7	0.125 6
农户使用感受	随"节水效益"增加而减少	0.000 0	0.026 4	0.031 4
节约人力资源量	随"节水效益"增加而减少	0.000 0	0.052 9	0.062 8

注:综合灵敏度指标:3.617 2;基本灵敏度指标:0.583 9;最佳方案发生变化,变化点数量:38。

表 6-14　项目运行管护敏感性分析

备选方案	权重变化	最小值	当前值	最大值
工程施工质量合格率	随"运行管护"增加而减少	0.000 0	0.009 9	0.012 2
首部枢纽管道工程完成率	随"运行管护"增加而减少	0.000 0	0.009 2	0.011 3
施工的难易程度	随"运行管护"增加而减少	0.000 0	0.026 2	0.032 2
工程建设周期	随"运行管护"增加而减少	0.000 0	0.063 0	0.077 3
各片区脐橙产量增加值	随"运行管护"增加而减少	0.000 0	0.223 7	0.274 5
农业生产能力提高率	随"运行管护"增加而减少	0.000 0	0.120 3	0.147 6
脐橙品质提高率	随"运行管护"增加而减少	0.000 0	0.040 7	0.049 9
电能耗用量	随"运行管护"增加而减少	0.000 0	0.078 1	0.095 9
肥料节约率	随"运行管护"增加而减少	0.000 0	0.085 5	0.104 9
灌溉水利用系数提高率	随"运行管护"增加而减少	0.000 0	0.021 4	0.026 3
水资源节约量	随"运行管护"增加而减少	0.000 0	0.044 5	0.054 6
灌溉保证率	随"运行管护"增加而减少	0.000 0	0.092 4	0.113 4
农民用水协会管理灌溉面积比重	随"运行管护"增加而增加	0.000 0	0.105 7	0.571 4
农户使用感受	随"运行管护"增加而增加	0.000 0	0.026 4	0.142 9
节约人力资源量	随"运行管护"增加而增加	0.000 0	0.052 9	0.285 7

注:综合灵敏度指标:3.538 1;基本灵敏度指标:0.571 4;最佳方案发生变化,变化点数量:37。

6.4.2　应用 FCE 进行综合评价

通过 AHP 确定了各级指标的权重后,进入到综合评价阶段,依据模糊综合评价法基本理论和原理,获得各指标的权重后采用加权平均值来得到结果。采用 yaahp V11.1_6399 软件进行模糊综合评价时,先得到各级指标权重,不同灌溉片区单独生成问卷调查表,调查表内容为各二级指标在确定了权向量后,专家对其结果的重要性进行评价,评价等级分为优、良、中、差 4 个等级,分值分别为 4~3.5、3.4~2.5、2.4~1、1 以下等 4 个值。专家通过指标赋值计算结果和前期相关资料对工程的实施过程中以及实施后的实际效果进行客观地评价。专家人选为:江西省灌溉排水中心教高人员、江西省水利规划设计研究院教高人员、寻乌水利局农水股长、4 个灌溉片区农民用水协会负责人以及当地农户。调查问卷采用电子或者实地调查的形式发放,并收集整理。将整理后的问卷结果导入到软件中,进行矩阵构造及计算排序,结果见表 6-15。4 个不同灌区滴头间距的设计不相同,通过 AHP-FCE 评价后综合得分排序为:竹背村>岭背村>黄坑村>大仙背。竹背灌溉片区的综合评价得分最高,达到 3.66,竹背属于优;其 3 个灌溉片区属于良。

表 6-15　FCE 计算结果

指标	灌区均值			
一级指标	大仙背村	竹背村	岭背村	黄坑村
项目建设过程及完成情况	2.849 8	3.327 9	3.091 7	2.645 8
经济效益	2.849 8	3.711 2	3.615 7	2.851 0
节水效益	2.849 8	3.707 4	3.571 0	3.789 9
运行管护	2.849 8	3.625 0	3.571 4	3.000 0
二级指标				
工程施工质量合格率	4	3	4	2
首部枢纽管道工程完成率	3	3	3	3
施工的难易程度	2	2	3	2
工程建设周期	3	4	3	3
各片区脐橙产量增加值	3	4	4	3
农业生产能力提高率	3	4	3	2
脐橙品质提高率	3	4	4	4
电能耗用量	4	3	4	3
肥料节约率	2	3	3	3
灌溉水利用系数提高率	4	4	3	2
水资源节约量	3	3	3	4
灌溉保证率	3	4	4	4
农民用水协会管理灌溉面积比重	3	4	4	4
农户使用感受	2	3	3	3
节约人力资源量	3	3	3	3
综合得分	2.974 4	3.654 8	3.335 0	3.000 7

6.5　分析确定滴灌技术参数

综合评价的目的是根据滴灌项目的实施状况对 4 个不同间距的滴头设计优劣进行评判,为滴灌最佳技术参数的选择提供指导。AHP-FCE 评价结果表明竹背村评价等级为优,其滴灌间距设计为 40 cm。评价考虑多方面的因素,设置了多个评价指标,采用收集项目实施过程和运行中的实际数据,以及结合专家批判等手段得到结果,评价结果真实可靠,能够反映出实际情况。所以,综合评价认为滴头间距为 40 cm 时可以达到最佳的灌溉施肥效果,对于脐橙滴灌的设计如图 6-5 所示,脐橙种植在每条等高线的条带上,株距为 3 m,滴灌带从支管上接出,在脐橙根系附近从滴灌带上引出一个小管围绕根系成半圆形布置,小管上安装滴头。这种布置方式滴头间距过小容易引起湿润体过度叠加,水分不能入渗的现象,间距过大则存在湿润体"盲区",部分根系周围土壤不能充分湿润。结合第 4 章、第 5 章研究结果,当采用多点源滴灌室内外试验时,滴头间距不同的设计下,每个间距施肥量相同(以 NO_3^--N 加量为施肥施加量),其中 NO_3^--N 的运移规律与水分运动过程相似,同一间距下,滴头流量的变化引起对水肥入渗有较大的影响。间距为 20 cm 时,在野外入渗试验中,水分积聚在地表,达到稳渗阶段时,水分入渗速率变缓,地表积水现象严重,在夏季部分水分蒸发或者流失。同时在这个间距下湿润体呈扁平状,难以达到计划湿润层深度,工程实际实施中也出现上述情况,且评价结果表明综合评价得分最低,证明不适合于滴头参数选择。间距为 30 cm 时,综合评价得分第二,试验实施过程中出现湿润体覆盖范围较小;为了满足灌溉需要延长灌溉时间,同时引起地表积水区域扩大等问题,对比分析该间距实施效果劣于间距为 40 cm 的。间距为 50 cm 时,综合评价得分第三,其实施效果也一般。综合分析认为,红壤丘陵地区脐橙滴灌最佳的滴头间距为 40 cm。

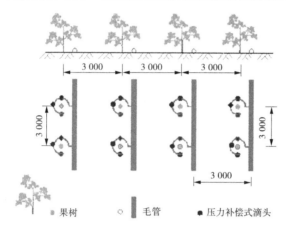

图 6-5　脐橙滴灌田间布置示意图　（单位:cm）

6.6　本章小结

本章结合水利工程建设项目后评价的理论体系,针对寻乌县晨光镇 4 个行政村内设计的脐橙滴灌不同滴头间距实施的效果,应用 AHP-FCE 对建设项目的实施过程和效果进行评价,分析得到脐橙滴灌的最佳技术参数。结合综合评价的需要,根据脐橙滴灌的情况,建立了评价指标体系,对所建立的指标进行了划分、定义和赋值,最后依据 AHP-FCE 原理和步骤使用 yaahp V11.1_6399 软件对 4 个灌溉片区的滴灌项目进行了评价,主要得到以下结果:

（1）AHP 得出各级指标的权重,一级指标 4 个灌区的结果相似,经济效益比重最大,平均权重值在 0.53,占总权重的 50%以上。二级指标中滴灌影响脐橙产量增加值所占的比重最大,农业生产能力提高率和农民用水协会对灌区的管理能力也占有较大的比重。

（2）在确立指标权重的基础上通过 FCE 进行综合评价,综合得分排序为:竹背村>岭背村>黄坑村>大仙背村,得分为 3.654 8、3.335 0、3.000 7、2.974 4。按照优、良、中、差的等级,竹背村脐橙灌区最优,其他 3 个灌区为良。

（3）结合脐橙滴灌的室内外试验和后评价结果,分析认为最适合于脐橙滴灌的滴头间距设计为 40 cm。

第7章 主要结论和建议

7.1 主要结论

本书以南方红壤丘陵地区江西赣南脐橙灌溉为例,研究适合于该区域脐橙滴灌的最佳技术参数。为正在实施的小型农田水利重点县建设项目,如脐橙柑橘等经济作物的高效节水改造工程的设计和实施提供技术支撑。

本书采用试验与理论分析相结合的方法,研究了红壤一维垂直和水平状态下不同容重的水分溶质运移规律,测定和确定了建模过程中所需要的水分溶质运移相关参数。在此基础上通过室内与田间试验,研究多因素影响下多点源滴灌水分溶质交汇入渗湿润体范围内含水率和 NO_3^--N 含量分布。

结合 HYDRUS-3D 软件对滴灌湿润锋及水分溶质分布状况进行模拟,分析确定模型相关参数,分析模拟的准确性。讨论适合红壤丘陵地区的脐橙滴灌的技术参数,应用于脐橙滴灌设计实施中,并通过层次分析法和模糊综合评价法对依据试验结果设计实施了的脐橙滴灌工程进行后评价,结合试验与评价结果综合分析得出适合于该区域的滴灌技术参数。主要结论如下:

(1)对多因素影响下非饱和土壤水分溶质一维运移分布规律进行了研究,并介绍了土壤水分溶质运移基本方程,在此基础上采用两种不同的试验方法得到 5 个不同容重下(1.20 g/cm^3、1.25 g/cm^3、1.30 g/cm^3、1.35 g/cm^3、1.40 g/cm^3)红壤水分特征曲线。

①5 个不同容重下通过一维红壤水分溶质入渗试验表明,容重对红壤水分溶质的分布及入渗能力有较大的影响,具体表现为:容重越大,入渗能力越小,阻水作用越明显,水分溶质不易渗入到深层土体内。非吸附性离子 Cl^- 和 NO_3^--N 在红壤中随水迁移分布,且在入渗结束 24 h 后有一个明显的再分布过程。对比分析 Philip 和 Green-Ampt 模型对红壤入渗规律模拟结果表明,Green-Ampt 模型更适合于对红壤入渗特性的模拟。

②容重对红壤水分特征曲线有较强的影响,相同含水率条件下红壤水分吸力大小表现为 $1.40 \text{ g/cm}^3 > 1.35 \text{ g/cm}^3 > 1.30 \text{ g/cm}^3 > 1.25 \text{ g/cm}^3 > 1.20 \text{ g/cm}^3$。结合 VG 模型分别建立了进气吸力系数 α 和形状系数 n 与红壤容重和滞留含水率的回归模型,通过显著性检验认为容重对这两个参数的影响大于滞留含水率。模型的相关系数在 0.95 以上,可用于红壤水分特征曲线参数的推求。

③采用 HYDRUS 和 MATLAB 软件对一维状态下的水分溶质入渗规律进行模拟,HYDRUS 模型模拟平均相对误差在 10% 以内,MATLAB 编程在 18.6% 以内,HYDRUS 的 NSE 系数在 0.85 以上,MATLAB 编程的在 0.7 以上,综合表明 HYDRUS 软件更适合于对红壤水分溶质运移的模拟。

(2)通过单点源和多点源滴灌交汇入渗室内试验,研究多因素影响下的水分溶质入渗过程及分布状况,结合 HYDRUS-3D 软件所建立的数学模型对多点源交汇入渗湿润锋推移及湿润体内含水率和 NO_3^--N 含量进行了模拟。在此基础上,分析得出室内条件下最适合于脐橙滴灌的技术参数。

①单点源入渗试验后湿润体呈椭球状,容重越大,其垂直入渗能力和范围越小,湿润体扁平状现象明显,流量相同条件下容重越大,地表积水现象越明显。容重大于 1.4 g/cm^3 以上的红壤,实施滴灌时需要对其进行疏松工作。

②多因素影响下的多点源交汇入渗表明,滴头间距不同时,间距越短,同条件下的湿润锋交汇所需时间也越短,滴头间距影响交汇时间的顺序为 20 cm>30 cm>40 cm>50 cm;滴头间距在 60 cm 以上时,两个滴头所形成的湿润体没有发生交汇,影响脐橙等作物土体内湿润带的形成。

③滴头流量不同时,同一间距,流量越大,湿润体锋的交汇时间越短。流量为 8.4 mL/min、间距 20 cm 时的交汇时间最短,且该间距下的滴头下方积水严重,形成径流。滴头间距在 50 cm 以上、流量为 2.1 mL/min 时湿润锋的交汇最快发生在入渗开始后的第 370 min,能源的消耗和水资源的浪费严重。

④多因素影响下多点源滴灌交汇入渗后湿润体的范围受到间距的流量的影响较大,湿润体内含水率和 NO_3^--N 含量也受到影响。流量达 8.4 mL/min 时,湿润锋水平运移的速度和距离大于垂直状态,且在地表 10 cm 的范围内含水率达到饱和或过饱和状态,NO_3^--N 含量相应地达到最大值,距离滴头越近,含量越高。

⑤HYDRUS-3D 模型对不同因素影响下的交汇入渗模拟值与实测值的平均相对误差为 11.5%,对湿润锋的推移模拟准确性最好,对入渗结束后 NO_3^--N 在湿润体内不同位置处含量的大小模拟精度最差。HYDRUS-3D 模型可用于对多点源红壤滴灌的模拟,在模拟过程中模型要考虑到试验过程中土壤的装填质量和地表积水状况。

综合上述结论分析认为在室内试验条件下容重为 1.40 g/cm^3、滴头间距取为 40 cm、滴头流量取为 4.2 mL/min 时最适宜于红壤的滴灌设计。

(3)通过红壤丘陵地区的田间试验,研究分析了多因素影响下水肥一体化多点源滴灌交汇入渗后湿润体的形状、湿润体内含水率分布、NO_3^--N 迁移分布规律等;结合商业化软件 HYDRUS-3D 对交汇入渗湿润体内含水率和 NO_3^--N 运移分布进行了模拟。

①交汇入渗后,流量相同时,湿润体大小按照间距排序 50 cm>40 cm>30 cm>20 cm;间距相同时,流量为 2 L/h 湿润体最大。多滴头形成的交汇区域的大小与流量和间距相关,流量相同时,间距越大,交汇越少;间距相同时,流量越大,交汇范围越广。间距为 20 cm、流量为 2 L/h 时的试验交汇区域最大。

②多点源滴灌滴头流量和间距对水分和溶质运移分布有较大影响,具体表现为间距相同时,流量越大,湿润体内距离滴头相同处的含水率和 NO_3^--N 越高,且受到土壤分层影响越小;流量相同时,间距越大,含水率和 NO_3^--N 运移分布范围越广;间距为 20 cm 时受到的影响较小,且在交汇面处的含水率和 NO_3^--N 差异不明显,流量为 2 L/h 时 4 个不同间距试验后地表 20 cm 范围内的含水率和 NO_3^--N 超高,不利于根系吸取水分养分。

③HYDRUS-3D 能够模拟出多点源交汇入渗后含水率和 NO_3^--N 的运移分布规律,田

间突然的空间差异性影响模拟的精度。模型的模拟误差受到流量和间距的影响,对含水率的模拟最大误差达到10.2%,对NO_3^--N的模拟最大误差达到11.5%;流量越大,误差越大。模型的 NSE 值均在0.85以上,表明模型具有很好的可信度。

④综合分析红壤丘陵区域田间多点源滴灌交汇入渗试验后湿润体形状、含水率和NO_3^--N运移分布状况,认为在该区域最适合于滴灌设计的流量为1 L/h、滴头间距为40 cm。

(4)将室内外试验得出的结论应用在脐橙实际灌溉设计中,结合水利工程建设项目工程后评价方法,对按照试验设计而实施的4个不同行政村的脐橙滴灌节水改造工程效果,通过AHP-FCE进行了后评价。

①层次分析法(AHP)所建立的指标体系内,一级指标中经济效益所占权重最大,平均权重值为0.533 6;二级指标中权重值排在前三位的分别为滴灌影响脐橙产量增加值、农业生产能力提高率和农民用水协会对灌区的管理能力,4个实施片区的情况相似。

②通过FCE进行综合评价,综合得分排序为:竹背村>岭背村>黄坑村>大仙背村,得分为3.654 8、3.335 0、3.000 7、2.974 4。竹背村脐橙灌区滴灌节水工程后评价结构为优,其他3个灌区为良。

(5)结合脐橙滴灌的室内外试验和后评价结果,分析认为对于最适合于红壤高容重地区脐橙滴灌的滴头间距设计为40 cm。

7.2　创新点

本书的创新点主要有以下几点:

(1)系统研究了多因素影响下丘陵地区红壤水分运动溶质运移规律,对比分析了适合于水分溶质运移的数值模拟方式,以及相关参数的确定方法,为该区域红壤水分溶质运移研究及数值模拟提供基础指导。

(2)通过室内外试验,揭示了多因素影响下红壤丘陵地区脐橙滴灌湿润体形状、土壤水分养分运移分布规律,并结合HYDRUS模型进行了水分溶质运移模拟,分析得出了试验条件下最适合于脐橙滴灌的技术参数。

(3)将水利工程后评价的理论和方法应用到脐橙滴灌技术参数确定中,辨识了脐橙滴灌主要影响因素,构建了评价体系,对参照不同试验参数实施的脐橙滴灌工程进行了后评价,综合分析得出脐橙最佳滴灌技术参数。

7.3　研究不足及展望

本书在红壤地区水分溶质运移规律研究及数值模拟的基础上,通过室内外试验研究了多因素影响下多点源滴灌交汇入渗后湿润体形状、水分溶质运移分布规律,并进行了数值模拟;结合工程后评价理论方法建立了评价体系,综合分析得出了适合于红壤丘陵地区的脐橙滴灌技术参数。但是,由于脐橙的生长发育,以及产量品质等受到多因素的影响,涉及农业气象、环境生态、植物生理、土壤水分等多个学科的知识点相互交叉,受到试验时间和条件的限制,在研究中有些问题还未解决,仍待进一步的研究和探索。

(1)溶质迁移模拟只是针对吸附性离子展开了研究,对于吸附性离子在红壤中的迁移及数值模拟、溶质对流-弥散系数等是下一步研究的重点。

(2)室内外多点源滴灌交汇入渗试验只考虑了滴头间距流量等参数,而施肥方式、肥液浓度等也是影响到水分溶质运移的因素,并在这些影响因素下的数值模型及参数的确定等需要展开相关研究。

(3)最适合脐橙的滴灌技术参数,只是在滴灌交汇入渗湿润体的范围、水分养分分布等方面做了探讨,而这种灌溉试验中对植物生理生长发育,灌溉中受到的温度、湿度、风速等气象条件的影响没有考虑进去。

(4)结合水利工程建设项目开展的滴灌改造工程效果后评价,评价体系及评价指标的确定过于单薄、笼统;下一步需要完善评价体系和评价指标,充分考虑到各方面的影响因素,以便得到最切合实际的评价结果。

参 考 文 献

［1］ Mualem Y.A new model for predicting the hydraulic conductivity of unsaturated porous media［J］.Water Resources Research,1976,12(3):513-522.

［2］ Valiantzas J D.Combined brooks-corey/burdine and van genuchten/mualem closed-form model for improving prediction of unsaturated conductivity［J］.Journal of Irrigation & Drainage Engineering,2011,137(4):223-233.

［3］ 刘晓丽,马理辉,汪有科.滴灌密植枣林细根及土壤水分分布特征［J］.农业工程学报,2013(17):63-71.

［4］ 刘燕芳,吴普特,朱德兰,等.滴灌条件下水的硬度对滴头堵塞的影响［J］.农业工程学报,2015,31(20):95-100.

［5］ 孔维良,李愚鹤,张利东,等.滴灌技术和机械采种技术在黄瓜制种上的应用［J］.中国瓜菜,2015(6):68-70.

［6］ 韩启彪,冯绍元,曹林来,等.滴灌技术与装备进一步发展的思考［J］.排灌机械工程学报,2015(11):1001-1005.

［7］ 李青军,张炎,胡伟,等.滴灌磷钾肥基追比对滴灌玉米干物质积累、产量及养分吸收的影响［J］.中国土壤与肥料,2016(6):74-80.

［8］ 李发永,劳东青,孙三民,等.滴灌对间作枣棉光合特性与水分利用的影响［J］.农业机械学报,2016,47(12):119-129.

［9］ 赵波,王振华,李文昊.滴灌方式及定额对北疆冬灌棉田土壤水盐分布及次年棉花生长的影响［J］.农业工程学报,2016,32(6):139-148.

［10］ Tanaka K, Takizawa H, Kume T, et al. Impact of rooting depth and soil hydraulic properties on the transpiration peak of an evergreen forest in northern Thailand in the late dry season［J］. Journal of Geophysical Research:Atmospheres, 2004, 109(D23): 231-239.

［11］ 于舜章.山东省设施黄瓜水肥一体化滴灌技术应用研究［J］.水资源与水工程学报,2009,20(6):173-176.

［12］ 李加念,洪添胜,冯瑞珏,等.柑橘园水肥一体化滴灌自动控制装置的研制［J］.农业工程学报,2012,28(10):91-97.

［13］ Grant K.Applications of soil physics［J］.Engineering Geology,1982,19(1):70-71.

［14］ Wang Q,Horton R.Boundary layer theory description of solute transport in soil［J］.Soil Science,2007,172(11):835-841.

［15］ Chen G.Bacterial interactions and transport in unsaturated porous media［J］.Colloids and Surfaces B:Biointerfaces,2008,67(2):265-271.

［16］ 李卓,吴普特,冯浩,等.容重对土壤水分入渗能力影响模拟试验［J］.农业工程学报,2009(6):40-45.

［17］ 李志明,周清,王辉,等.土壤容重对红壤水分溶质运移特征影响的试验研究［J］.水土保持学报,2009(5):101-103.

［18］ 潘云,吕殿青.土壤容重对土壤水分入渗特性影响研究［J］.灌溉排水学报,2009(2):59-61.

［19］佘冬立,刘营营,刘冬冬,等.土壤容重对海涂垦区粉砂土水分垂直入渗特征的影响研究[J].农业现代化研究,2012(6):749-752.

［20］Xu X,Lewis C,Liu W,et al.Analysis of single-ring infiltrometer data for soil hydraulic properties estimation:Comparison of Best and Wu Methods[J].Agricultural Water Management,2012,107:34-41.

［21］刘营营,佘冬立,刘冬冬,等.土地利用与土壤容重双因子对土壤水分入渗过程的影响[J].水土保持学报,2013(5):84-88.

［22］Ting Yang,Quanjiu Wang,Beibei Zhou,et al.Preferential solute transport in a loess silt loam soil[J].Soil Science,2013,178(4):157-164.

［23］刘庆玲,徐绍辉.不同质地土壤中铜离子运移阻滞因子研究[J].土壤学报,2005(6):930-935.

［24］田坤,Chihua Huang,张广军,等.土壤溶质迁移过程的试验研究[J].水土保持学报,2009(3):1-5.

［25］毕远杰,王全九,雪静.淡水与微咸水入渗特性对比分析[J].农业机械学报,2010(7):70-75.

［26］曾文治,黄介生,徐驰,等.KCl溶液对土壤入渗及氯离子运移特性影响研究[J].灌溉排水学报,2013(1):32-35.

［27］Schwen A,Lawrence-Smith G H J,Sinton S M,et al.Hydraulic properties and the water-conducting porosity as affected by subsurface compaction using tension infiltrometers[J].Soil Science Society of America Journal,2011,75(3):822.

［28］Schelle H,Iden S C,Durner W.Combined Transient Method for Determining Soil Hydraulic Properties in a Wide Pressure Head Range[J].Soil Science Society of America Journal,2011,75(5):1681.

［29］王红兰,唐翔宇,鲜青松,等.紫色土水分特征曲线室内测定方法的对比[J].水科学进展,2016(2):240-248.

［30］Peters A,Durner W.Simplified evaporation method for determining soil hydraulic properties[J].Journal of Hydrology,2008,356(1/2):147-162.

［31］Moret D,Arrúe J L.Dynamics of soil hydraulic properties during fallow as affected by tillage[J].Soil & Tillage Research,2007,96(1):103-113.

［32］Wu M,Tan X,Huang J,et al.Solute and water effects on soil freezing characteristics based on laboratory experiments[J].Cold Regions Science & Technology,2015,115:22-29.

［33］朱建军,柏新富,刘林德.露点水势仪用于植物活体原位水势测定的技术改进[J].植物学报,2013(5):531-539.

［34］王红兰,唐翔宇,宋松柏.土壤水分特征曲线测定中低吸力段数据的影响分析[J].灌溉排水学报,2012,31(6):56-59.

［35］郑健,任倩慧,赵廷红,等.基于HYDRUS软件的植物混掺土壤水分特征曲线分析[J].干旱地区农业研究,2014(5):168-173.

［36］Genuchten M T V.A closed-form equation for predicting the hydraulic conductivity of unsaturated soils.[J].Soil Science Society of America Journal,1980,44(44):892-898.

［37］宋孝玉,李亚娟,李怀有,等.土壤水分特征曲线单一参数模型的建立及应用[J].农业工程学报,2008(12):12-15.

［38］姚姣转,刘廷玺,王天帅,等.科尔沁沙地土壤水分特征曲线传递函数的构建与评估[J].农业工程学报,2014(20):98-108.

［39］谭霄,伍靖伟,李大成,等.盐分对土壤水分特征曲线的影响[J].灌溉排水学报,2014(4):228-232.

［40］Fu X,Shao M,Lu D,et al.Soil water characteristic curve measurement without bulk density changes and its implications in the estimation of soil hydraulic properties[J].Geoderma,2011,167-168(none):8.

［41］Oh S,Lu N,Yun K K,et al.Relationship between the Soil-Water Characteristic Curve and the Suction

Stress Characteristic Curve：Experimental Evidence from Residual Soils［J］. Journal of Geotechnical & Geoenvironmental Engineering，2012，138（1）：47-57.

［42］ Satyanaga A，Rahardjo H，Leong E C，et al. Water characteristic curve of soil with bimodal grain-size distribution［J］. Computers & Geotechnics，2013，48（4）：51-61.

［43］ 郑健，王燕，蔡焕杰，等. 植物混掺土壤水分特征曲线及拟合模型分析［J］. 农业机械学报，2014（5）：107-112.

［44］ 邢旭光，赵文刚，马孝义，等. 土壤水分特征曲线测定过程中土壤收缩特性研究［J］. 水利学报，2015（10）：1181-1188.

［45］ 邓羽松，丁树文，蔡崇法，等. 鄂东南崩岗剖面土壤水分特征曲线及模拟［J］. 土壤学报，2016（2）：355-364.

［46］ Ghanbarian B，Taslimitehrani V，Dong G，et al. Sample dimensions effect on prediction of soil water retention curve and saturated hydraulic conductivity［J］. Journal of Hydrology，2015，528：127-137.

［47］ 马美红，张书函，王会肖，等. 非饱和土壤水分运动参数的确定——以昆明红壤土为例［J］. 北京师范大学学报（自然科学版），2017，53（1）：38-42.

［48］ 王全九. 土壤溶质迁移理论研究进展［J］. 灌溉排水学报，2005（3）：77-80.

［49］ 田坤. 土壤溶质迁移与混合层深度模拟研究［D］. 杨凌：西北农林科技大学，2010.

［50］ 雷志栋. 土壤水动力学［M］. 北京：清华大学出版社，1988.

［51］ 邵明安. 土壤物理学［M］. 北京：高等教育出版社，2006.

［52］ 李韵珠，李保国. 土壤溶质运移［M］. 北京：科学出版社，1998.

［53］ Amer F，Bouldin D R，Black C A，et al. Characterization of soil phosphorus by anion exchange resin adsorption and P 32-equilibration［J］. Plant & Soil，1955，6（4）：391-408.

［54］ Bruce R R，Harper L A，Leonard R A，et al. A model for runoff of pesticides from small upland watersheds［J］. Journal of Environmental Quality，1975，4（4）：541-548.

［55］ Ahuja L R. Release of a soluble chemical from soil to runoff［J］. 1982，25（4）：948-953.

［56］ Barrow N J. The description of desorption of phosphate from soil［J］. European Journal of Soil Science，1979，30（2）：259-270.

［57］ Mishra S，Parker J C. Parameter estimation for coupled unsaturated flow and transport［J］. Water Resources Research，1989，25（3）：385-396.

［58］ 王超，顾斌杰. 非饱和土壤溶质迁移转化模型参数优化估算［J］. 水科学进展，2002（2）：184-190.

［59］ 陆乐，吴吉春，王晶晶. 多尺度非均质多孔介质中溶质运移的蒙特卡罗模拟［J］. 水科学进展，2008（3）：333-338.

［60］ 王伟，李光永，傅臣家，等. 棉花苗期滴灌水盐运移数值模拟及试验验证［J］. 灌溉排水学报，2009（1）：32-36.

［61］ 田坤，Huang Chihua，王光谦，等. 降雨-径流条件下土壤溶质迁移过程模拟［J］. 农业工程学报，2011（4）：81-87.

［62］ 张嘉，王明玉. 非均质渗透介质纵向弥散度数值模拟估算法适宜性探析［J］. 中国科学院研究生院学报，2011（1）：35-42.

［63］ Sheikhesmaeili O，Montero J，Laserna S. Analysis of water application with semi-portable big size sprinkler irrigation systems in semi-arid areas［J］. Agricultural Water Management，2016，163：275-284.

［64］ Kresović B，Tapanarova A，Tomić Z，et al. Grain yield and water use efficiency of maize as influenced by different irrigation regimes through sprinkler irrigation under temperate climate［J］. Agricultural Water Management，2016，169：34-43.

［65］Al-Kayssi A W,Mustafa S H.Modeling gypsifereous soil infiltration rate under different sprinkler applica-tion rates and successive irrigation events［J］.Agricultural Water Management,2016,163:66-74.

［66］Sun W,Wang Y,Wang T,et al.Spray head selection and hydraulic performance optimization of roll wheel line move sprinkling irrigation machine［J］.Transactions of the Chinese Society of Agricultural Engineer-ing,2017,33(3):99-106.

［67］苏德荣,田媛,高前兆.日光温室中自流式低压滴灌技术的研究［J］.农业工程学报,2000,16(3):73-76.

［68］李久生,张建君,薛克宗.滴灌施肥灌溉原理与应用［M］.北京:中国农业科学技术出版社,2003.

［69］Vos J P, Lopes-Cardozo M, Gadella B M. Metabolic and functional aspects of sulfogalactolipids［J］. Bio-chimica Et Biophysica Acta, 1994, 1211(2): 125-149.

［70］Lamm F, Trooien T. Subsurface Drip Irrigation for Corn Production:A Review of 10 Years of Research in Kansas［J］. Irrigation Science, 2003, 22(3): 195-200.

［71］严以绥.膜下滴灌系统规划设计与应用［M］.北京:中国农业出版社,2003.

［72］Nakayama F S, Bucks D A. Trickle irrigation for crop production:Design, operation and management ［J］. Soil & Tillage Research, 1950, 10(2): 191-192.

［73］Lubana P P S,Narda N K.SW-Soil and Water:Modelling Soil Water Dynamics under Trickle Emitters-a Review［J］.Journal of Agricultural Engineering Research,2001,78(3):217-232.

［74］Levin I,Rooyen P C V,Rooyen F C V.The effect of discharge rate and intermittent water application by point-source irrigation on the soil moisture distribution pattern［J］.Soil Science Society of America Jour-nal,1979,43(1):8-16.

［75］Rodríguezsinobas L,Gilrodríguez M,Sánchez R,et al.Simulation of soil wetting patterns in drip and sub-surface irrigation.Effects in design and irrigation management variables［A］.In:EGU General Assembly Conference,2010［C］.

［76］Mohammed T, Khemaies Z.Wetting pattern under trickle source in a loamy sand soil of south Tanzaina ［J］.Am-Eur J Agric Environ Sci,2008(1):38-42.

［77］Yue H Y,Yuan-Nong L I.Experimental study on distribution rule of soil moisture in wetting front under drip irrigation［J］.Journal of Irrigation & Drainage,2010,29(2):137-139.

［78］汪志荣,王文焰,王全九,等.点源入渗土壤水分运动规律实验研究［J］.水利学报,2000(6):39-44.

［79］朱德兰,李昭军,王健,等.滴灌条件下土壤水分分布特性研究［J］.水土保持研究,2000(1):81-84.

［80］张振华,蔡焕杰,郭永昌,等.滴灌土壤湿润体影响因素的实验研究［J］.农业工程学报,2002(2):17-20.

［81］李晓斌,孙海燕.不同土壤质地的滴灌点源入渗规律研究［J］.科学技术与工程,2008(15):4292-4295.

［82］王成志,杨培岭,任树梅,等.保水剂对滴灌土壤湿润体影响的室内实验研究［J］.农业工程学报,2006(12):1-7.

［83］李明思,康绍忠,孙海燕.点源滴灌滴头流量与湿润体关系研究［J］.农业工程学报,2006(4):32-35.

［84］李久生,张建君,任理.滴灌点源施肥灌溉对土壤氮素分布影响的试验研究(英文)［J］.农业工程学报,2002(5):61-66.

［85］郑彩霞,张富仓,贾运岗,等.不同滴灌量对土壤水氮运移规律研究［J］.水土保持学报,2014(6):167-170.

［86］王旭洋,范兴科.滴灌条件下施氮时段对土壤氮素分布的影响研究［J］.干旱地区农业研究,2017(3):182-189.

[87] 李久生,杨凤艳,栗岩峰.层状土壤质地对地下滴灌水氮分布的影响[J].农业工程学报,2009(7):25-31.

[88] 黄耀华,王侃,杨剑虹.滴灌施肥条件下土壤水分和速效氮迁移分布规律[J].水土保持学报,2014(5):87-94.

[89] 黎朋红,汪有科,马理辉,等.涌泉根灌多点源交汇入渗湿润体试验研究[J].灌溉排水学报,2011(2):68-71.

[90] 董玉云.膜孔入渗土壤水氮运移特性试验与数值模拟[D].西安:西安理工大学,2007.

[91] Liu X,Fei L,Liu Y.Effects of bubbled-root irrigation interference infiltration on transport characteristics of water and nitrogen[J].Paiguan Jixie Gongcheng Xuebao/journal of Drainage & Irrigation Machinery Engineering,2017,35(3):263-270.

[92] Bhatnagar P R,Chauhan H S.Soil water movement under a single surface trickle source[J].Agricultural Water Management,2008,95(7):799-808.

[93] 张林,吴普特,朱德兰,等.多点源滴灌条件下土壤水分运移模拟试验研究[J].排灌机械工程学报,2012,30(2):237-243.

[94] 杜少平,马忠明,薛亮.适宜施氮量提高温室砂田滴灌甜瓜产量品质及水氮利用率[J].农业工程学报,2016(5):112-119.

[95] 王振华,裴磊,郑旭荣,等.盐碱地滴灌春小麦光合特性与耐盐指标研究[J].农业机械学报,2016,47(4):65-72.

[96] 李元,牛文全,许健,等.加气滴灌提高大棚甜瓜品质及灌溉水分利用效率[J].农业工程学报,2016,32(1):147-154.

[97] 张体彬,展小云,康跃虎,等.浅层填沙滴灌种植枸杞改良龟裂碱土重度盐碱荒地研究[J].农业机械学报,2016,47(10):139-149.

[98] 郭莉杰.日光温室番茄对滴灌毛管布置方式和灌水量的响应研究[D].杨凌:西北农林科技大学,2017.

[99] 邹海洋,张富仓,张雨新,等.适宜滴灌施肥量促进河西春玉米根系生长提高产量[J].农业工程学报,2017,33(21):145-155.

[100] Feng D,Wan S,Kang Y,et al.Drip irrigation scheduling for annual crops in an impermeable saline-sodic soil with an improved method[J].Journal of Soil & Water Conservation,2017,72(4):351-360.

[101] Song P,Li Y,Li J,et al.Chlorination with lateral flushing controling drip irrigation emitter clogging using reclaimed water[J].Transactions of the Chinese Society of Agricultural Engineering,2017,33(2):80-86.

[102] Lei C G.The Experimental research of soil water transport under multiple point drip irrigation in xinjiang cotton field[J]. Jilin Water Resources,2016(3):18-21.

[103] Xia L I,Qiao M,Zhou S B.Effects of drip irrigation with magnetized water on soil desalinization in cotton field and cotton yield[J].Arid Zone Research,2017,34(2):431-436.

[104] Amabdalhi M,Cheng J,Feng S,et al.Response of greenhouse tomato growth,yield and quality to drip-irrigation[J].Journal of Irrigation & Drainage,2016,35(1):36-41.

[105] Li J,Li Y. Responses of Tomato Yield and Water Consumption to Water Quality and Drip Irrigation Technical Parameters[C]. St. Joseph, MI:ASABE, 2012.

[106] 王全九,王文焰,汪志荣,等.盐碱地膜下滴灌技术参数的确定[J].农业工程学报,2001(2):47-50.

[107] 栗岩峰,温江丽,李久生.再生水水质与滴灌灌水技术参数对番茄产量和品质的影响[J].灌溉排水学报,2014(4):204-208.

［108］李久生,栗岩峰,王军,等.微灌在中国:历史、现状和未来[J].水利学报,2016(3):372-381.

［109］Dittmar P J,Monks D W,Jennings K M,et al.Tolerance of tomato to herbicides Applied through drip irrigation[J].Weed technology,2012,26(4):684-690.

［110］Bouten W,Schaap M G,Bakker D J,et al.Modelling soil water dynamics in a forested ecosystem.I:A site specific evaluation[J].Hydrological Processes,1992,6(4):435-444.

［111］Barragan J,Bralts V,Wu I P.Assessment of emission uniformity for micro-irrigation design[J].Biosystems Engineering,2006,93(1):89-97.

［112］Brandt A,Bresler E,Diner N,et al.Infiltration from a Trickle Source:I.Mathematical Models[J].Soil Sci Soc Amer Proc,1971,35(5):675-682.

［113］Cote C M,Bristow K L,Charlesworth P B,et al.Analysis of soil wetting and solute transport in subsurface trickle irrigation[J].Irrigation Science,2003,22(3/4):143-156.

［114］Yao W W,Ma X Y,Li J,et al.Simulation of point source wetting pattern of subsurface drip irrigation[J].Irrigation Science,2011,29(4):331-339.

［115］Singh D K,Rajput T B S,Singh D K,et al.Simulation of soil wetting pattern with subsurface drip irrigation from line source[J].Agricultural Water Management,2006,83(1):130-134.

［116］El-Nesr M N,Alazba A A,Šimůnek J.HYDRUS simulations of the effects of dual-drip subsurface irrigation and a physical barrier on water movement and solute transport in soils[J].Irrigation Science,2014,32(2):111-125.

［117］El-Nesr M N,Alazba A A,Šimůnek J.HYDRUS simulations of the effects of dual-drip subsurface irrigation and a physical barrier on water movement and solute transport in soils[J].Irrigation Science,2014,32(2):111-125.

［118］Mashayekhi P,Ghorbanidashtaki S,Mosaddeghi M R,et al.Different scenarios for inverse estimation of soil hydraulic parameters from double-ring infiltrometer data using HYDRUS-2D/3D[J].International Agrophysics,2016,30(2):203-210.

［119］李久生,张建君,饶敏杰.滴灌施肥灌溉的水氮运移数学模拟及试验验证[J].水利学报,2005(8):932-938.

［120］Salehi A A,Navabian M,Varaki M E,et al.Evaluation of HYDRUS-2D model to simulate the loss of nitrate in subsurface controlled drainage in a physical model scale of paddy fields[J].Paddy & Water Environment,2016:1-10.

［121］Xiao-Mei H E.The laws of soil wetting front under the drip irrigation[J].Water Saving Irrigation,2017(8):26-29.

［122］Phogat V,Skewes M A,Cox J W,et al.Seasonal simulation of water,salinity and nitrate dynamics under drip irrigated mandarin (Citrus reticulata) and assessing management options for drainage and nitrate leaching[J].Journal of Hydrology,2014,513:504-516.

［123］Zhang J,LI J,Zhao B,et al.Simulation of water and nitrogen dynamics as affected by drip fertigation strategies[J].Journal of Integrative Agriculture,2015,14(12):2434-2445.

［124］Chen L,Feng Q,Li F,et al.A bidirectional model for simulating soil water flow and salt transport under mulched drip irrigation with saline water[J].Agricultural Water Management,2014,146:24-33.

［125］Dabach S,Shani U,Lazarovitch N.Optimal tensiometer placement for high-frequency subsurface drip irrigation management in heterogeneous soils[J].Agricultural Water Management,2015,152:91-98.

［126］Müller T,Ranquet Bouleau C,Perona P.Optimizing drip irrigation for eggplant crops in semi-arid zones using evolving thresholds[J].Agricultural Water Management,2016,177:54-65.

[127] 毛萌,任理.室内滴灌施药条件下阿特拉津在土壤中运移规律的研究 II.数值仿真[J].水利学报,2005(6):746-753.

[128] 陈若男,王全九,杨艳芬.新疆砾石地葡萄滴灌带合理设计及布设参数的数值分析[J].农业工程学报,2010(12):40-46.

[129] 张林,吴普特,范兴科.多点源滴灌条件下土壤水分运动的数值模拟[J].农业工程学报,2010(9):40-45.

[130] 王建东,龚时宏,许迪,等.地表滴灌条件下水热耦合迁移数值模拟与验证[J].农业工程学报,2010(12):66-71.

[131] 姚鹏亮,董新光,郭开政,等.滴灌条件下干旱区枣树根区的土壤水分动态模拟[J].西北农林科技大学学报(自然科学版),2011(10):149-156.

[132] 孙林,罗毅.膜下滴灌棉田土壤水盐运移简化模型[J].农业工程学报,2012(24):105-114.

[133] 刘玉春,李久生.层状土壤条件下地下滴灌水氮运移模型及应用[J].水利学报,2012(8):898-905.

[134] 关红杰,李久生,栗岩峰.干旱区滴灌均匀系数对土壤水氮分布影响模拟[J].农业机械学报,2014(3):107-117.

[135] 黄凯,蔡德所,潘伟,等.广西赤红壤甘蔗田间滴灌带合理布设参数确定[J].农业工程学报,2015(11):136-143.

[136] 李显溦,石建初,王数,等.新疆地下滴灌棉田一次性滴灌带埋深数值模拟与分析[J].农业机械学报,2017(9):191-198.

[137] 裴青宝,刘伟佳,张建丰,等.多点源滴灌条件下红壤水分溶质运移试验与数值模拟[J].农业机械学报,2017(12):255-262.

[138] 陈岩.基于可持续发展观的水利建设项目后评价研究[D].南京:河海大学,2007:

[139] Parthasarathi P,Levinson D.Post-construction evaluation of traffic forecast accuracy[J].Transport Policy,2010,17(6):428-443.

[140] Alzahrani J I,Emsley M W.The impact of contractors′attributes on construction project success:A post construction evaluation[J].International Journal of Project Management,2013,31(2):313-322.

[141] Nilashi M,Zakaria R,Ibrahim O,et al.MCPCM:A dematel-anp-based multi-criteria decision-making approach to evaluate the critical success factors in construction projects[J].Arabian Journal for Science & Engineering,2015,40(2):343-361.

[142] Eckstein O.Water resource development - the economics of project evaluation[M].Harvard University Press,1958.

[143] Maass A,Hufschmidt M M,Dorfman R,et al.Design of water-resource systems[M].Harvard University Press,1962.

[144] Savoy J.Statistical inference in retrieval effectiveness evaluation[J].Information Processing & Management,1997,33(4):495-512.

[145] Mei-Xiang Y U.Think about environmental impact post-evaluation of construction project[J].Administration & Technique of Environmental Monitoring,2010,22(6):11-13.

[146] 季云.水利建设项目后评价研究进展[J].水利水电科技进展,2003(3):57-59.

[147] 吴恒安.财务评价、国民经济评价、社会评价、后评价理论与方法[M].北京:中国水利水电出版社,1998.

[148] 何淑媛,方国华.农业节水综合效益评价指标体系构建[J].中国农村水利水电,2007(7):44-46.

[149] Niu Z P,Zhu Y.The Post-project evaluation indices system of construction project[J].Construction Technology,2005(12):5-7.

[150] Jian L,Liu S.The post evaluation of construction project based on dominance-based rough set and GRA [A].In:IEEE International Conference on Systems,Man and Cybernetics,2009[C].

[151] Wang Z X.Post-evaluation of construction project based on success,index weight in hydropower project [J].South-to-North Water Transfers and Water Science & Technology,2008,6(5):121-163.

[152] Bin L I,Wang Y.A Multi-level extension assessment based post-evaluation on function and effect of sub-station construction project[J].Power System Technology,2015,39(4):1146-1152.

[153] Junshi H E,Zhang H,Yujuan F U,et al.Evaluation of irrigation water use efficiency in horqin area of tongliao city[J].Water Resources & Power,2013,31(4):125-128.

[154] Ji Y.The application of the post-evaluation of construction project based on fuzzy comprehensive evaluation[J].Henan Science,2012,30(07):845-847.

[155] 王书吉.大型灌区节水改造项目综合后评价指标权重确定及评价方法研究[D].西安:西安理工大学,2009.

[156] 迟道才,马涛,李松.基于博弈论的可拓评价方法在灌区运行状况评价中的应用[J].农业工程学报,2008(8):36-39.

[157] Dimitras A I,Slowinski R,Susmaga R,et al.Business failure prediction using rough sets[J].1999,114(2):263-280.

[158] Wallmark J T, Sedig K G. Quality of research measured by citation method and by peer review—A comparison[J]. IEEE Transactions on Engineering Management, 1986, EM-33(4): 218-222.

[159] Molden D J,Gates T K.Performance measures for evaluation of irrigation-water-delivery systems[J].Journal of Irrigation & Drainage Engineering,1990,116(6):804-823.

[160] Aly A M,Kitamura Y,Shimizu K.Assessment of irrigation practices at the tertiary canal level in an improved system—a case study of Wasat area,the Nile Delta[J].Paddy & Water Environment,2013,11(1/4):445-454.

[161] Pereira L S,Cordery I,Iacovides I.Improved indicators of water use performance and productivity for sustainable water conservation and saving[J].Agricultural Water Management,2012,108(11):39-51.

[162] 王书吉,费良军,雷雁斌,等.综合集成赋权法在灌区节水改造效益评价中的应用[J].农业工程学报,2008(12):48-51.

[163] Zhen L U,Cao X,Shen L I.A system fuzzy optimum selection model and its application in comprehensive evaluation of water saving irrigation projects[J].Irrigation & Drainage,2001(3):70-72+75.

[164] Zhang Z,Zhang Q.Post-project evaluation of Water Users Association (WUA) in Qingtongxia based on AHP[J].Journal of Agricultural Sciences,2009,30(3):5-10.

[165] Zheng H X,He-Ping L I,Guo K Z,et al.Post-evaluation of water-saving irrigation project in pasturing area based on model of information entropy and fuzzy matter element[J].Journal of Hydraulic Engineering,2013,44:57-65.

[166] Zhao S C,Wei Z M,Bing X U,et al.Preliminary study on comprehensive benefit evaluation of lawn irrigation project in tibet alpine pasturing area[J].Water Saving Irrigation,2012(9):63-66.

[167] Fang K,Chen X,Zhu X.Research and application of evaluation model in water-saving ecological irrigation districts in plain areas[J].Jiangsu Water Resources,2014(12):42-44.

[168] Ning B,Shan Z,Mathematics D O,et al.Optimal aelection of agricultural water saving irrigation projects——based on improved fuzzy matter-element analysis model[J].Journal of Agricultural Mechanization Research,2016,38(4):49-52.

[169] Wang W,Ning-Jiang L V,Huang Q.Study on the comprehensive evaluation of water-saving irrigation in

the plain area of shandong province[J].Ground Water,2016,38(1):89-91.

[170] Shang Z L,Liu G H,Ding S L,et al.Evaluation study on the comprehensive benefit of saving-water in drip irrigation district of the east foothill of Helanshan mountain[J].Water Resources & Hydropower of Northeast China,2016,34(4):57-60,72.

[171] Cao Y,Jun L I,Lianjun L I.Study on water-saving level of irrigation area based on analytic hierarchical model[J].Yellow River,2017,39(9):145-148.

[172] Zhang X C,Wang S Y.Comprehensive evaluation of water resources in tongliao agricultural irrigation area based on AHP[J].Applied Energy Technology,2017(3):34-37.

[173] Zhao F J,Xie P.Study on optimization of mine ventilation system based on AHP-FCE model[J].China Safety Science Journal,2006(4):91-96,145.

[174] Chen Z H.Evaluation of the post comprehensive benefits of land consolidation project based on AHP-FCE model[J].Journal of Anhui Agricultural Sciences,2012,40(16):9098-9100.

[175] Xie D,Guo S,Li S.The study of green risk assessment for construction project based on "AHP – FCE" method[M].Springer Berlin Heidelberg,2011:237-244.

[176] 陈静茹,唐德善.基于ANP-FCE法的台兰河灌区需水评价[J].中国农村水利水电,2014(3):159-161.

[177] Zhen-Dong M A,Liang Y K.Application of improved AHP-FCE method in construction project evaluation [J].Journal of Xian University of Architecture & Technology,2010,42(3):436-437.

[178] Zhang Y,Chen N,Li Z,et al.Based on AHP and FCE of the Yangtze River Water Safety Warning Management Evaluation[J].2012,117:475-481.

[179] Zhao H,Guo S.Risk evaluation on UHV power transmission construction project based on AHP and FCE method[J].Mathematical Problems in Engineering,(2014-1-16),2014(1):1-14.

[180] Yao-Long D,Wang J,Guo Y Q,et al.Sustainability evaluation of land consolidation of Da'an city based on AHP-FCE model[J].China Land Sciences,2014,28(8):57-64.

[181] Deng W L,Xiao-Yuan J I,Zhou J X,et al.The assessment study on the production process card for investment casting using AHP and FCE[J].Foundry,2016,65(11):1084-1088.

[182] Zhang X,Yang J,Zhao X.Optimal study of the rural house space heating systems employing the AHP and FCE methods[J].Energy,2018:631-641.

[183] Ning L,Ma N,Zhao F,et al.Evaluation on capability of sustainable development of science and technology parks in guangdong based on AHP-FCE method[J].Science & Technology Management Research,2017,37(15):57-61.

[184] 胡伟,涂勇,刘广兵.基于AHP-FCE的企业污水治理绩效评估[J].中国给水排水,2015(19):104-107.

[185] 刘鑫,李之隆,甘亮琴,等.基于AHP-FCE方法的气泡混合轻质土耐久性评估[J].河海大学学报（自然科学版）,2017(4):332-339.

[186] 李王成,王为,冯绍元,等.不同类型微型蒸发器测定土壤蒸发的田间试验研究[J].农业工程学报,2007(10):6-13.

[187] Bonhomeespinosa A B,Campos F,Rodriguez I A,et al.Effect of particle concentration on the microstructural and macromechanical properties of biocompatible magnetic hydrogels.[J].Soft Matter,2017,13(16):2928-2941.

[188] 王全九,来剑斌,李毅.Green—Ampt模型与Philip入渗模型的对比分析[J].农业工程学报,2002,18(2):13-16.

［189］刘春成,李毅,任鑫,等.四种入渗模型对斥水土壤入渗规律的适用性[J].农业工程学报,2011
　　　　(5):62-67.

［190］范严伟,赵文举,王昱,等.夹砂层土壤 Green-Ampt 入渗模型的改进与验证[J].农业工程学报,
　　　　2015(5):93-99.

［191］朱昊宇,段晓辉.Green-Ampt 入渗模型国外研究进展[J].中国农村水利水电,2017(10):6-12.

［192］Farahi G,Khodashenas S R,Alizadeh A,et al.New model for simulating hydraulic performance of an in-
　　　　filtration trench with finite-volume one-dimensional richards' equation[J].Journal of Irrigation & Drain-
　　　　age Engineering,2017,143(8):32-36.

［193］Cheng D,Chang C,Qian K,et al.Predicting the soil-water characteristic curve from soil particle size dis-
　　　　tribution considering the film water[J].Shuikexue Jinzhan/Advances in Water Science,2017,28(4):
　　　　534-542.

［194］Wijewardana N S,Müller K,Moldrup P,et al.Soil-water repellency characteristic curves for soil profiles
　　　　with organic carbon gradients[J].Geoderma,2016,264:150-159.

［195］Jiake L I,Zhao R,Yajiao L I.Simulation of water and solute transport characteristics in different bioreten-
　　　　tion tanks using HYDRUS-1D model[J].Acta Scientiae Circumstantiae,2017,123(5):57-60.

［196］张振华,蔡焕杰,杨润亚,等.地表积水条件下滴灌入渗特性研究[J].灌溉排水学报,2004(6):1-4.

［197］李明思.膜下滴灌灌水技术参数对土壤水热盐动态和作物水分利用的影响[D].杨凌:西北农林科
　　　　技大学,2006.

［198］Sanchezmartín L,Meijide A,Garciatorres L,et al.Combination of drip irrigation and organic fertilizer for
　　　　mitigating emissions of nitrogen oxides in semiarid climate.[J].Agriculture Ecosystems & Environment,
　　　　2010,137(1):99-107.

［199］Thomidis T,Zioziou E,Koundouras S,et al.Effects of nitrogen and irrigation on the quality of grapes and
　　　　the susceptibility to Botrytis bunch rot[J].Scientia Horticulturae,2016,212:60-68.

［200］李久生,张建君,饶敏杰.滴灌系统运行方式对砂壤土水氮分布影响的试验研究[J].水利学报,
　　　　2004(9):31-37.

［201］邵明安.土壤物理学[M].北京:高等教育出版社,2006.

［202］周广林,王全九,李云,等.HYDRUS-3D 模型模拟田间点源入渗与水分再分布准确性评价[J].干旱
　　　　地区农业研究,2015(2):113-121.

［203］El-Nesr M N,Alazba A A,Šimůnek J.HYDRUS simulations of the effects of dual-drip subsurface irriga-
　　　　tion and a physical barrier on water movement and solute transport in soils[J].Irrigation Science,2014,
　　　　32(2):111-125.

［204］Morway E D,Niswonger R G,Langevin C D,et al.Modeling variably saturated subsurface solute transport
　　　　with MODFLOW-UZF and MT3DMS.[J].Ground Water,2013,51(2):237-251.

［205］郭向红,孙西欢,马娟娟.降雨灌溉蒸发条件下苹果园土壤水分运动数值模拟[J].农业机械学报,
　　　　2009(11):68-73.

［206］李久生,张建君,饶敏杰.滴灌施肥灌溉的水氮运移数学模拟及试验验证[J].水利学报,2005(8):
　　　　932-938.

［207］Darlix A,Lamy P J,Lopezcrapez E,et al.Serum NSE,MMP-9 and HER2 extracellular domain are associ-
　　　　ated with brain metastases in metastatic breast cancer patients:predictive biomarkers for brain metasta-
　　　　ses?[J].International Journal of Cancer,2016,139(10):2299-2311.

［208］Lin F,Chen X,Yao H,et al.Evaluating the use of Nash-Sutcliffe efficiency coefficient in goodness-of-fit
　　　　measures for daily runoff simulation with SWAT[J].Journal of Hydrologic Engineering,2017,22(11):

25-28.

[209] Hu Q, Yang Y, Han S, et al.Identifying changes in irrigation return flow with gradually intensified water-saving technology using HYDRUS for regional water resources management[J].Agricultural Water Management, 2017, 194:33-47.

[210] Stewart R D, Lee J G, Shuster W D, et al. Modeling hydrological response to a fully-monitored urban bioretention cell[J].Hydrological Processes, 2017, 31(26):4626-4638.

[211] 曹利军.可持续发展评价理论与方法[M].北京:科学出版社,1999.

[212] 水利部农村水利司.农业节水探索[M].北京:中国水利水电出版社,2001.

[213] Ma B, Liang X, Liu S, et al.Evaluation of diffuse and preferential flow pathways of infiltrated precipitation and irrigation using oxygen and hydrogen isotopes[J].Hydrogeology Journal, 2017, 25(3):24-27.

[214] Wang J, Zhang L, Huang J. How could we realize a win – win strategy on irrigation price policy? Evaluation of a pilot reform project in Hebei Province, China[J]. Journal of Hydrology, 2016, 539:379-391.

[215] Santy, Sikkel K.Sourcing Lifecycle for Software as a Service (SAAS)[A].In:European Physical Journal Web of Conferences, 2014[C].